해양개발

기술과 미래

후지이 키요미츠 지음
고유봉·김남형 옮김

전파과학사

머리말

해양개발은 장래에 넓게 열린 미래 산업이다. 그것은 국토가 좁지만 공업 수준이 높은 우리나라에서 많은 가능성을 보여준다. 한편, 해양개발은 현재의 에너지 위기에 깊은 관계를 맺고 있다. 이유는 해양개발 중에서 석유 개발이 중요한 분야를 차지하고 있기 때문이다. 이런 이유에서 해양개발은 우리나라의 전산업뿐만 아니라, 우리들의 일상생활과도 깊은 관계가 있다.

그러나 우리는 어업 및 수산업을 제외하고는 해양개발에 관해서 오랫동안 관심이 없었고, 우리나라에서는 그 역사도 매우 짧다. 그래서 일반적으로 해양개발의 지식이 널리 퍼져 있지 않다. 앞으로 우리나라는 해양개발을 더 적극적으로 해야 하는 사정이 있고, 따라서 우리들은 해양에 관해서 관심을 가져야 한다.

이 책은 옛날부터 행해지고 있는 수산업 및 해운 관계를 제외한 '새로운 해양개발'에 관해서 그 기술 전반에 관해 해설하고, 그 장래를 예상하는 것을 내용으로 한다. 지금까지의 해양개발 설명에서는, 관련 있는 많은 기술을 평면적으로 늘어놓은 것이 많았다. 이 책에서는 먼저 해양개발의 본질을 분명히 한 후에, 기초가 되는 기술을 설명하고 있다. 해양개발은 바다의 이용을 목적으로 하지만, 이것은 환경 문제를 무시하고서는 존재할 수 없다. 그래서 이것에 관한 문제점을 설명하고 있다. 이상은 기초가 되는 지식이고, 그다음 응용으로 들어간다. 여기서는 산업으로서의 해양개발 및 외국의 해양개발에 관해서 기술하고 있다. 이처럼 이 책은 중요의 정도에 따라서, 또 상호관계를 분명히 하면서 입체적으로 기술하고 있기 때문에, 독자는 해양개발 전체를 쉽게 이해할 수 있을 것이다.

해양개발은 경제나 정치에서 논하는 일도 많다. 이 경우라도 최소한도의 기술지식이 없으면, 결말이 없는 논의가 되기 쉽다. 그 이유는 해양개발이 항상 기술과 강하게 결합하여 있기 때문이다. 이 책은 기술 전체를 해설하고 있고, 이러한 문제를 취급하는 사람에게도 도움이 될 것이다.

1973년 석유 위기는 우리나라의 전 산업을 크게 동요시켰다. 해양개발은 이 문제를 해결하는 데 상당히 도움이 되는 능력을 갖추고 있다. 한편, 1974년 열린 국제연합의 해양법회의는 우리나라의 수산업에, 나아가서는 우리나라의 식량 문제에 큰 영향을 주었다. 더욱이 육상에서의 환경 문제는 점점 더 심각해지고 있으며, 그것은 해양에도 영향을 미치고 있다. 이처럼 앞으로 우리나라는 좋아하든 좋아하지 않든 관계없이, 바다와 점차 강하게 연결되고 있다.

이러한 시기에 육상 생활에서는 잊기 쉬운 바다에 관해서 생각하고, 또한 그것을 이용하는 해양개발에 관해서 아는 것은 의의 있는 것이다. 육상에서는 해결할 수 없는 문제가 바다에서 해결되는 일이 있다. 육지에 한정되어 있던 생활영역을 바다로 넓히면서 적어도 우리들의 생활이 풍부해지는 것은 확실하다. 이러한 이유로 이 책은 반드시 해양개발 전문가뿐만 아니라, 일반 사람에게도 도움이 될 것이다. 특히 장래에 야망을 품은 젊은 사람에게 이 책이 어떤 시사를 줄 것으로 믿는다.

주위에 밝고 넓게 펼쳐져 있는 바다를 응시하자. 바다는 생활에 지친 우리들의 어두운 기분을 날려 보내고, 우리에게 용기와 희망을 줄 것이다.

지은이

옮긴이의 말

지표면의 71%가 해양이고, 특히 삼면이 바다로 둘러싸인 우리나라는 옛날부터 교통, 어업의 장으로서 해양을 이용하였고, 또한 많은 혜택을 받아왔다. 인구 증가와 육지에서 얻어지는 자원의 유한성 인식에서 미지 자원의 보고인 해양의 이용, 개발에 대한 요구가 점차 높아지고 있다. 21세기에는 보다 윤택한 생활을 영위하기 위해서도 환경과 조화된 새로운 형태의 해양 이용, 개발이 한층 가속화될 것이다.

1960년대 초 미국의 케네디 대통령이 "해양은 지구상에 남아 있는 최후의 Frontier다"라고 주창한 이래 미국, 프랑스, 일본 등을 중심으로 새로운 관점에서 해양개발이 시작되었다. 이들 국가에서는 해양개발을 국가 전략의 중요 과제로 정해 해양자원 개발, 해양공간의 이용, 해양에너지 이용 등의 각종 기술개발을 중심으로 연구체제를 갖추어 해양에 관한 응용연구는 물론 기초연구도 의욕적으로 진행하고 있다.

해양개발에 대해서 관심이 있기는 하나 알기 쉽게 읽을 수 있도록 기술한 책이 별로 없다. 이것은 우리가 얼마나 해양개발에 소극적인가를 나타내는 본보기이다. 이미 출판된 몇몇 전공 서적을 통해 부분적으로나마 해양개발을 접할 수는 있지만, 일반인들이 쉽게 접할 수 있는 것은 아니다. 이 책은 출판된 이후 해양법 등 제도적인 부분이 정비되어 미진한 부분이 있긴 하지만 해양개발에 관해 아주 적절한 내용을 소개하고 있다. 각 장의 내용은 해양개발의 예비지식은 물론 기초지식, 응용지식을 포함해 광범위하게 서술하고 있으며, 세계의 해양개발 동향까지 소개하고 있다. 따라서 해양개발에 관심을 가진 일반인들에게는 교양서적으로서, 해양개발에 관련 있는 연구자나 실무기술자들에게는 전문개론서로서 유용하게 활용할 수 있을 것이다.

여러 가지로 부족한 점이 많고 천학(淺學)임을 무릅쓰고 이 책을 번역하게 된 것은 해양개발에 관한 기존의 책 중에서도 해양개발을 가장 정확하게 이해할 수 있고, 명쾌하게 기술하고 있는 것에 매료되어 해양개발에 관심을 가진 분들에게 조금이나마 도움이 되고자 번역하였다. 또 번역에 정통하지 못한 관계로 책의 내용 중에 오역이나 잘못된 점이 있으면 주저하지 마시고 지적과 지도편달을 부탁드린다.

이 책이 우리나라의 해양개발에 조금이라도 기여할 수 있다면 더할 수 없는 영광이라 생각한다. 끝으로 이 책을 번역하는데 있어서 지혜와 명철을 주신 하나님께 이 영광을 돌린다.

옮긴이

차례

1장
서론

1. 미래 산업으로서의 해양개발

A. 가능성이 가득한 새로운 산업

현대 과학기술의 새로운 분야에서의 최대 과제는 우주개발과 해양개발이라고 말할 수 있다. 그러나 양자에는 큰 차이가 있다. 우주개발은 소수의 한정된 사람에 의해, 우리들에게서 멀리 떨어진 장소에서 행해지고 있는 데 반해, 해양개발은 다수의 사람에 의해 우리들과 가까운 곳에서 일상생활에 깊이 관계하면서 행해지고 있다. 그리고 현실의 해양개발은 해양조사로 시작되어, 자원 개발의 시대로 들어가고, 점차로 해양공간의 이용 및 해양에너지의 이용 방향으로 향하고 있으며, 우리들의 생활에 점차 가까워지고 있다.

일본 민간에서는 약간씩 행해지고 있었지만, 국가가 움직이기 시작한 것은 1969년이다. 해양개발은 다른 산업에 비교하면 새로운 산업이다. 이 이유로 해양개발은 현재 산업으로서 여러 가지 문제가 있고, 미래에 크게 비약하기 위한 준비 중인 미래 산업이라고 할 수 있다. 즉 해양개발은 장래에 큰 가능성을 가진 산업이다.

그러면 어떤 가능성을 가지고 있는가? 여러 가지 의문이 생긴다. 미래에 어떤 분야의 해양개발이 크게 발전하는 것일까?

그것에 관한 기술적인 문제는 없는 것인가? 장래에 해양개발에서 가장 곤란한 점은 무엇인가? 장래 일어날 수 있는 환경 문제는 어떤 종류인가…… 등 수많은 의문이 제기된다.

이와 같은 의문에 대답하기 위해서는, 현재의 해양개발에 기초가 되는 기술, 세계의 동향, 산업으로서의 문제점, 국가의 방침 등을 올바르게 이해하는 것이 가장 적당하다. 이 책은 이 점에 중점을 두고 해양개발의 특색, 내용 등에 관한 요점을 해설하였다. 이것에 의해 독자는 현대 과학기술에 새롭고 크게 남겨진 분야인 해양개발을 올바르게 이해하기 바란다.

현대인은 주위에 넓게 펴져 있는 바다를 잊어버리기 쉽다. 우리들의 활동 범위를 육지에 한정하지 말고 바다까지 넓히자. 그리고 가능성이 풍부한 해양에 대해서 더욱 주의 깊고, 올바른 지식을 익혀서 해양을 통해 자기의 가능성을 끄집어내지 않겠는가?

B. 해양개발의 의의

해양개발은 청년에게 기대한다 　일본의 '새로운 해양개발'은 역사가 짧기 때문에 민간 산업에서는 정돈돼 있지 않다. 이 때문에 해결되지 않은 많은 기술적인 문제가 있다. 과거에는 국가가 이것에 힘을 쏟지 않았지만, 현재는 많은 이유에 의해 힘을 쏟기 시작했다.

이것은 앞으로 해양개발이 크게 발전할 가능성이 있다는 것을 나타내고 있다. 그러나 상대는 바다라는 위대한 자연이기 때문에 잔재주가 통하지 않고, 전력을 다하여 행하지 않으면 완전히 실패한다. 이것은 해양개발에 종사하는 것에 면밀한 주의력과 강한 정신력이 요구되는 이유이다.

한편, 해양개발은 많은 점에서 새로운 기술을 필요로 하므로 우수한 기술자를 요구한다. 그렇기 때문에 해양개발은 힘이 넘치고 뛰어난 청년에게 큰 기대를 하고 있다. 또 바다는 미지의 문제로 채워져 있기 때문에, 청년에게 꿈을 주는 산업이라고 말할 수 있다.

해양공간이 필요하다 일본은 넓은 바다로 둘러싸인 작은 섬나라이고, 그리고 좁은 국토에는 사람이 넘쳐나고 있다. 그래서 일본은 주위의 바다를 이용할 필요에 쫓기게 됐다. 한편, 일본은 높은 수준의 공업을 가지고 있고, 해양개발을 할 수 있을 만큼의 능력이 있다. 이것은 일본이 해양공간을 적극적으로 이용하여 적은 국토를 보충하려는 원동력이 된다. 지금까지도 해역의 매립이 행해졌지만, 앞으로도 해양공간의 이용이 한층 새로운 형태로 행해질 것이다(4장 참조). 따라서 일본에서는 해양공간의 이용이 해양개발 중에서 가장 눈에 띄게 발전할 것으로 기대된다.

석유는 해양개발이 필요하다 새로운 해양개발의 분야는 넓지만, 세계의 바다에서 공통적으로 행해지고 있는 해양개발은 석유의 개발이다. 해양석유 개발에 대한 투자가 다른 해양개발 산업보다 엄청나게 많다. 이것은 석유가 전 세계에서 필요한 물자이고, 육지의 산출만으로는 부족하기 때문이다(2장 참조). 그러므로 석유 문제는 해양개발의 왕좌를 차지하고 있다.

일본에서도 최근에 해양석유 개발에 힘을 쏟게 되었다. 또 외국에 있는 일본 회사의 해양석유 개발 실적이 점차 증가하고 있다. 일본 입장에서 석유 자원의 확보는 매우 중요한 과제이기 때문에, 이 경향은 앞으로도 계속될 것이다. 이것은 다른 해양개발 산업의 기술 진보에 대해 좋은 영향을 주고 있다.

많은 기술을 필요로 한다 육상에서 지형을 조사하기 위해 돌아다니기는 쉽고, 공중에서 사진을 찍는 것도 어렵지 않다. 그러나 바다는 공기보다도 훨씬 무거운 물 분자로 덮여 있기 때문에 조사는 간단하지 않다. 해저를 돌아다니는 데는 잠수기술이 필요하고, 해저지형을 아는 데는 배에서 특수한 장치를 사용하여 조사해야 한다. 또는 해양의 한 정점에서 작업하는 데는 뛰어난 성능을 가진 작업대가 요구된다.

이상은 해양개발에 사용되는 기술 일부를 설명한 것에 지나지 않는다. 바다는 육지와 전혀 다른 환경이기 때문에, 많은 현대 기술을 사용하지 않으면 조사도, 작업도 할 수 없다. 이 점에서 해양개발은 기술자에게 있어서 정말로 즐거운 산업이다. 한편 많은 기술을 필요로 하므로 이 기술을 육성하고 있는 산업은 해양개발이 활발하게 되면 경제적으로 좋은 영향을 받는다.

C. 해양개발의 정신

앞으로 해양개발은 왕성하게 행해지겠지만, 무계획적으로 실행해도 좋은가? 다시 생각해볼 필요가 있다. 이것은 해양개발이 자연을 파괴할 가능성이 있기 때문이다. 아니 이미 해양개발에 의해 자연 일부가 파괴되고 있다.

예를 들면, 수산업자가 고기를 남획하여 어떤 종류의 고기는 절멸에 가까운 상태로 연근해로부터 자취를 감추어 버렸다. 혹은 배에서 흘러나온 폐유에 의해 해면이나 해안이 오염되었다. 지금부터의 해양개발은 이런 일이 없도록 충분한 주의가 필요하다.

해수 속의 금속이나 PCB 등에 의한 피해가 이미 발생하여 큰 사회적인 문제가 되고 있다. 그러나 이것은 해양개발에 의하여 일어난 것이 아니라, 육상의 공장 폐수나 도시폐수 등이 원인이다. 이것은 일본인이 바다를 쓰레기통으로 알고 있는 결과라고 말해도 된다.

이건 매우 유감이지만 우리가 바다의 아름다움을 지킬 마음이 적었기 때문에 일어난 것이고, 이제 크게 반성해야 한다. 그리고 앞으로 행해지는 해양개발은 '바다의 아름다움을 파괴하지 않는다'는 기본적인 생각을 가지는 것이 가장 중요하다. 이것이야말로 해양개발의 정신이다. 이 속에는 '바다의 아름다움을 육지에서 파괴할 수 없다'고 하는 생각도 포함된다.

2. 해양개발의 본질

A. 해양개발은 무엇인가?

해양개발의 의미 "해양개발이란 무엇인가?"라는 물음에 대한 답은 사람마다 다르다. 이것은 '해양개발'이라는 단어의 정의가 확실하지 않기 때문이다. 그러나 이것을 정확하게 정의하는 것은 나중에 하기로 하고, 우선 가볍게 정의하고 이야기를 진행하기로 하자.

그리고 세간에서는 '도움이 된다'는 것이 어느 정도 이상의 크기인 것을 기대한다. 이것은 '해양개발'을 '산업으로서의 해양개발'로 취급하는 것을 의미하는 것이다.

다시 처음의 물음을 반복하면 산업으로서의 해양개발은 무엇인가? 그 영역은 어디까지인가? 또 그 장래성은 어떤가? 이것에 대해서 분명히 답해 주는 사람은 의외로 적다. 이 때문에 해양개발이란 해저 거주, 수중 로봇, 수중 불도저 등의 연구, 기술 개발인 것으로 생각하는 사람이 많지만, 이들은 해양개발을 위한 수많은 수단 중 일부에 지나지 않고, 해양개발 산업 그 자체라고 말할 수 없다.

해양개발의 분류 그러면 산업으로서의 해양개발은 무엇인가? 실제로 해양개발이라고 말하는 것을 모아서 정리하면 다음과 같다.

(1) 광물 자원, 수산 자원, 해수 이용을 포함한 천연자원의 이용
(2) 해상교통, 인공섬 등에 의한 해양공간의 이용
(3) 육상의 확대로서 연안의 이용
(4) 조석, 파랑 등에 의해 발전하는 해양에너지의 이용

해양을 넓은 바다로 해석하면, 만 내 또는 해안 가까이는 해양으로 말하기 어렵다. 그래서 (3)의 연안의 이용을 해양개발 속에 포함하는 것은 부적당하다고 말할 수 있다. 그러나 세간에서는 이것을 해양개발에 넣는 일이 있기 때문에, 여기서도 이것에 따르기로 한다. (3)은 (2)에 포함되기 때문에, 결국 해양개발이란 ① 해양자원의 이용, ② 해양공간의 이용, ③ 해양에너지의 이용의 3개로 분류된다.

이 분류에 따라서 산업 또는 기술을 정리하면 〈표 1-1〉과

〈표 1-1〉 해양개발의 분류

종류	내용	
해양자원의 이용	**수산 자원**	
	광물 자원	석유, 천연가스 고체 광물
	해수	냉각용 담수화 해수 성분(식염, 금속 기타)
해양공간의 이용	**해상교통**	해운 조선
	인공섬 작업대	공항, 발전소, 공장 기타
	연안	육지의 확대(매립) 교통(항만, 교량) 레크리에이션 장소
해양에너지의 이용	조석에 의한 발전 파랑에 의한 발전 온도차에 의한 발전	

*주: 굵은 글씨는 옛날부터 행해져 온 것

같다.

〈표 1-1〉에서 이미 산업으로서 성장한 것은 무엇인가? 우선 수산 자원의 개발, 다시 말해 수산업이다. 말할 것도 없이 일본의 수산업은 이전부터 세계적이다.

다음은 해상교통으로, 해운업과 조선업이 있고, 둘 다 대규모 산업이다. 특히 후자에 관해서는 그 질과 양에서 세계 제일의 자리를 오랫동안 지키고 있다. 연안 이용으로는 해안 매립, 항만의 건설 등이 이전부터 높은 수준에 있다.

이상의 3개는 해양개발에서 오랜 역사를 가지고 있고, 여기서 새롭게 쓸 필요도 없다. 최근 해양개발이 주목받게 되었지만, 세간에서는 옛날부터 있었던 것에 대해서 그렇게 주의하지 않는 모양이다. 그래서 여기서는 '새로운 해양개발'에 대해서 생각하기로 한다.

새로운 해양개발 〈표 1-1〉과 같이 옛날부터 있었던 것을 빼면, 뒤에는 새로운 것이 남는다. 이들은 다음의 것이다. ① 광물 자원 개발, ② 해수의 이용, ③ 해양공간의 이용(해상교통 제외), ④ 해양에너지의 이용

이상의 것 중 광물 자원으로서는 석유, 천연가스가 당면 목표이지만, 머지않아 망가니즈 등의 광물이 대상이 된다. 해수의 담수화 및 해수 성분 이용은 앞으로 왕성하게 행해질 것이다. 해양공간의 이용으로는, 먼저 발전소, 공항이 해상에 건설될 것이다. 해양에너지의 이용은, 일본에서는 소규모인 것을 빼면 아직 거의 손을 쓸 수 없다.

새로운 해양개발에 관해서 일본은 겨우 손을 대기 시작했을 뿐이다. 일본의 지리적인 조건이나 공업 수준을 고려하면 그 정도는 크게 열려 있다고 말해도 된다. 이 책에서는 이와 같은 '새로운 해양개발'을 다룬다.

해양개발의 정의 지금까지의 설명으로 해양개발의 윤곽을 알게 되었다. 해양개발이 자연파괴가 되지 않기 위해서는 '해양개발의 정신'을 집어넣은 정의를 사용해야 할 것 같다. 즉 지금까지 이 책에서 설명한 지식을 모아서 해양개발을 다음과 같이 정의하고 싶다.

"해양개발이란 자연의 아름다움을 지키면서 해양을 인류에 도움이 되도록 이용하는 것이다."

이 책에서는 해양개발을 이처럼 해석하여 설명한다. 단 여기서 다루는 해양개발의 내용은 '새로운 해양개발'에 한정한다.

B. 기초가 되는 기술

해양개발은 그 목적에 따라 각 종류의 기술이 사용된다. 이들의 기술을 사용하는 것에 의해서만 산업으로서의 해양개발이 성립하기 때문에, 기술은 매우 중요하다.

해양개발에 사용되는 기술은 정말로 잡다하고 종류가 많다. 세간에서는 이것을 뒤섞인 상태로 사용하고 있어 서로의 관계, 중요의 정도 등이 분명하지 않다. 이것을 분명히 하는 것은 해양개발을 올바르게 이해하기 위해서 필요하다. 그래서 해양개발에 사용되는 기술 중에서 기초가 되는 것을 끄집어내기로 한다.

무엇을 해양개발의 '기초기술'로 생각하는가? 이것은 적극적인 해양개발에 반드시 사용되는 기술로 하고, 이것이 진보하면 해양개발이 진보하기 쉽게 되는 것으로 생각하고 싶다.

많은 기술 중에서 이 조건을 갖고 있는 것을 선택하고, 이것을 분류하면 다음의 4가지이다. ① 조사기술, ② 잠수기술, ③ 작업대에 관한 기술, ④ 해수의 작용에 대한 기술(3장 참조). 이들 외에 각 전공에서 사용하는 특수 기술이 추가되어 복잡한 해양기술을 구성한다.

C. 기초 지식

해양개발을 이해하기 위해서는 다음 3가지의 기초가 되는 지식이 필요하다. ① 기초기술, ② 바다의 이용, ③ 환경 문제. ①에 관해서는 이미 설명했기 때문에 여기서는 ②와 ③에 관해서 설명한다.

해양개발은 바다의 이용을 목적으로 하고 있기 때문에 이들에 관해서 잘 이해해야 한다. 이것에는 공간의 이용, 에너지의 이용 및 자원의 이용이 있다. 바다를 현실에 도움이 되도록 하려면, 기술적 또는 경제적으로 곤란한 문제가 많다. 이 곤란을 극복하는 데는 올바른 지식이 크게 도움이 된다.

앞으로의 해양개발은 환경 문제를 빼고는 절대로 앞으로 나갈 수 없다. 그래서 바다와 관계있는 환경 문제를 올바르게 이해하고 나서 해양개발을 계획하는 것이 해양개발을 건전하게 발달시키기 위해서 가장 중요하다.

이상이 해양개발을 이해하기 위해 필요한 기초지식이다. 이 책은 이것을 중심으로 구성되어 있고, 이들의 앞에 예비지식을 설명하고, 나중에 응용 문제를 설명한다(차례 참조).

해양개발에 직접 관계하는 사람은 물론이지만, 해양개발을 경제 문제, 환경 문제 혹은 정치 문제로 취급하는 사람도 해양개발을 올바르게 이해하기 위해서는 이 책의 '기초지식'을 알아야 한다.

3. 바다란 무엇인가?

바다란 무엇인가에 관해서 설명을 시작하면 길어지기 때문에, 여기서는 해양개발을 이해하기 위하여 필요한 최소한도의 설명에 한정한다.

A. 바다의 실태

바다의 넓이　지구의 표면적 약 510,000,000㎢에 대해, 바다의 표면적은 약 360,000,000㎢이고, 이것은 지구의 70.8%에 상당하다. 그러나 바다는 지구상에 일정하게 분포하고 있는 것이 아니라 북반구보다 남반구 쪽에 더 넓게 자리하고 있다.

바다의 깊이　바다의 깊이 평균은 약 3,800m로 예상보다 깊다. 이것에 대해서 육지의 평균 높이는 약 840m 정도이고, 육상보다 바다의 용적 쪽이 훨씬 크다. 임시로 육지를 깎아 바다를 메웠다고 하여도, 바다는 350m 정도 얕게 되는 데 지나지 않는다. 이와 같은 작은 덩어리에 불과한 육지에 인간이 떼지어 모여 살고 있다. 가장 깊은 바다는 마리아나 해구로, 깊이는 11,034m이다. 가장 높은 산은 에베레스트이지만, 그 높이는 8,848m이기 때문에 최고의 산을 가장 깊은 바다에 가라앉히면 완전히 모양이 사라져 버린다.

해저는 다음과 같이 분류된다. 대륙붕의 한계는 장소에 따라 다르지만, 평균 수심 200m 부근이다. 이것보다 깊어지면 약간 강한 경사로 급하게 깊어진다. 이것이 대륙사면이다. 이곳보다 깊은 곳은 비교적 완만한 경사 또는 평평한 지형이 분포하고 있고, 이 부분을 해양저라 부른다. 해양저 속에 부분적으로 깊은 곳이 있고, 이것이 해구이다. 임시로 수심 200m까지를 대륙붕으로 하면, 이 면적은 바다의 7.6%이다. 바다 전체로 보면 더 깊은 부분이 훨씬 넓다. 즉 수심 3,000~6,000m가 전체의 약 75%이고 대부분을 차지하고 있다. 6,000m보다 깊은 바다의 비율은 조금이다.

현재, 해중에서 작업하거나 구조물을 건설하는 대상이 되는 것은 주로 대륙붕이다. 그러나 최근에는 대륙사면에서도 작업이 시작되려고 한다. 장래에 개발될 망가니즈단괴는 해양저에 많이 존재하기 때문에 수심 4,000~6,000m가 개발 대상이다(6장 참조). 일본에서는 수심 6,000m까지 조사 가능한 잠수조사선이 계획되고 있다(3장 참조).

해수의 압력, 온도 바다에서는 10m 깊어지면 압력이 약 1기압 높아진다. 이것은 육상과 크게 다르다. 사람이 용기 속에 들어가 해중으로 깊게 내려가는 경우에는, 그 용기가 높은 압력에 충분히 견딜 수 있는 강도를 가지고 있어야 한다. 또 사람이 직접 잠수하는 경우에 수심 30m까지는 별문제 없지만, 그보다 깊어지면 높은 압력 때문에 인체에 나쁜 영향을 받는다(3장 참조).

해면은 태양의 열에 의해 데워지지만, 이것은 4계절, 위도 등에 따라 다르기 때문에 장소나 기후에 의해 해면 온도는 상당한 차이가 있다. 해수의 온도는 해면으로부터 멀어지면 급속하게 내려가고, 수심 500m 정도에서는 1년의 온도가 거의 일정하다.

예를 들면, Shiosaki의 남쪽 300㎞에 있는 기상관측의 남쪽

정점(북위 29°, 동경 135°)에서 측정한 것에 의하면 해면은 2월에 최저인 19.5°, 8월에 최고인 28.7°가 되며, 온도차는 9.2°이다. 수심 300m에서는 최저 16.0°, 최고 17.2°가 되어 온도차는 1.2°밖에 없다. 열대의 바다에서는 해면 온도가 연중 30° 정도 되지만, 수심 800m 부근에서는 5° 정도밖에 온도차가 없다. 이 온도차를 이용하여 발전하고 있다(4장 참조).

B. 해수의 실태

〈파〉 파에는 2종류가 있다.

(1) 풍파: 바람에 의해 발생하는 파랑

(2) 너울: 발생한 파랑이 바람이 없는 구역으로 전해지는 것

〈그림 1-1〉에서 파는 좌에서 우로 진행하는 것으로 한다. 파장과 파고는 이 그림에 나타난 것처럼 정의된다. 하나의 파가 어떤 점을 통과하는 시간이 주기이다. 실제 파는 이 그림과 같이 항상 정돈된 형태를 나타내고 있는 것이 아니라, 크고 작은 파가 계속하여 오며 불규칙하다(〈그림 1-1〉의 b). 그래서 일정한 방법으로 파를 측정하여 대표적인 것을 정한다. 즉 파를 10~20분간 측정하여 파의 크기와 수를 조사한다. 파고가 큰 것을 세어 전체 파의 수의 1/3을 찾아내어, 이들 파의 평균 파고를 가지며, 평균 주기를 가진 파를 대표적인 파로 한다. 이렇게 구한 파를 '유의파'라 부른다. 오른쪽 측정 시간 속의 최대의 파를 '최대파'라고 한다.

파가 나아가도 물의 입자는 원운동을 하는 것뿐으로, 물은 나아가지 않는다(〈그림 1-1〉, 단 매우 얕은 바다에서는 파와 함께

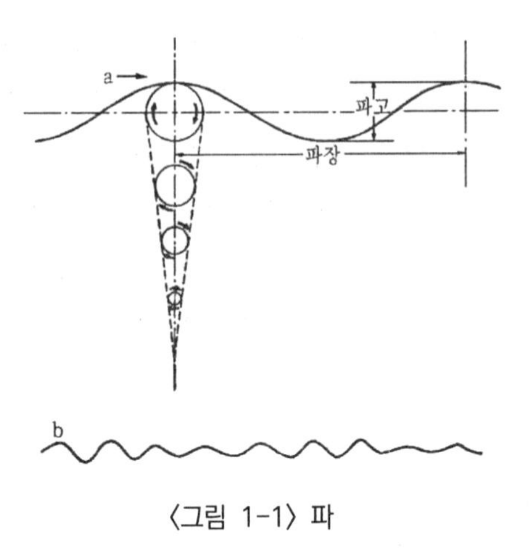

〈그림 1-1〉 파

물도 나아간다). 이 원운동의 지름은 해면에서 최대이고, 해면으로부터 떨어짐에 따라 작아진다. 파의 힘은 해면에서 최대이고, 해면으로부터 멀어짐에 따라 작아진다. 파의 힘은 해면에 있어서 최대이고, 깊어짐에 따라 급격히 약해진다. 반잠수식 작업대는 이 파의 성질을 이용한 것이다(3장 참조).

〈해수의 성분〉　해수에는 많은 물질이 녹아 있고, 이들의 합계 농도는 장소에 따라 약간 다르지만, 성분 비율은 세계에서 거의 일정하다. 해수에서는 지금까지 77종류의 원소가 확인되고 있다. 그러나 이 대부분은 미량밖에 포함되어 있지 않다.

주요한 성분은 소듐(나트륨), 마그네슘, 칼슘, 포타슘(칼륨) 및 스트론튬의 금속 이온과 염소, 브로민, 플루오린, 탄산, 황산의 비금속 이온이다. 이들이 녹아 있는 물질의 99.58%를 차지하며, 나머지 성분은 종류가 많아도 0.42%에 지나지 않는다.

위의 성분 중 현재 공업적으로 이용되고 있는 것은 식염, 마그네슘 및 브로민의 3종류에 지나지 않는다(4장 참조).

미량 성분 중에는 금, 은, 우라늄 등도 포함되어 있다. 예를 들면 우라늄의 농도는 해수 1톤당 3㎎밖에 없지만, 세계 해수의 양은 약 1.4×10^{18}톤이기 때문에 이것은 육지에 존재하는 우라늄보다 훨씬 많다. 해수에서 경제적으로 우라늄을 끄집어내는 것은 현재로서는 어렵지만, 세계 각국에서 연구가 진행되고 있다.

C. 해양과학

'해양이란 무엇인가?'라는 물음에 대해서 답하는 것이 해양과학이다. 즉 바다를 학문적으로 연구하는 것이 해양과학이다. 바다는 크게 신비에 싸여 있다. 그 신비성을 개척하여 바다의 실체를 분명히 하는 것이 '해양과학'이다. 이것은 '해양학'과 똑같이 사용되고 있다. 해양과학은 전공에 의해 많은 분야로 나누어져 있지만, 주요한 것은 해양물리학, 해양화학, 해양생물학 및 해양지질학의 4개 분야이다.

한편, '해양공학'이라는 단어가 있는데, 이것은 애매하게 사용되고 있다. 공학은 대부분의 경우에 물건을 제조하는 것과 관계가 있다. 해양공학은 대상이 너무 크고, 제조에는 관계가 없다. 이들에 대한 정의는 분명하지 않고, 사람에 의해서 다른 의미로 사용되고 있다.

2장
세계의 동향

1. 바다의 국제 문제

세계의 움직임　우리들은 어딘지 모르게 바다는 자유롭고, 바다의 모든 곳을 항해할 수 있다고 생각한다. 그러나 역사적으로 보면, 반드시 그렇지만은 않다. 유럽에서는 16세기경에 스페인과 포르투갈의 세력이 바다를 독점한 시대가 있었다. 이것에 대해서 당시의 신흥국가인 영국, 네덜란드 등이 강하게 반대했다. 그중에서 네덜란드의 그로피우스는 1609년에 「자유해론」을 발표하고, 바다는 인류가 공동으로 사용해야 하고, 특정 국가가 독점해서는 안 된다고 설득하고 있다. 이 설은 점차 넓게 인정되어, 약 300년 사이에 세계적으로 이 사고가 채용되었다.

그러나 2차 세계대전 후에 이 사고는 상당히 바뀌었고, 특정 국가가 바다를 독점하는 경향이 차례로 일어났다. 즉 바다를 항해하는 장소로 사용하는 동안에는 큰 문제가 없었지만, 바다의 자원을 개발하게 되면서부터, 바다의 자유가 점차 문제가 되었다. 여기서 말하는 바다의 자원이란 수산물 및 광물(특히 석유)이다. 이것은 해양개발이 활발하게 됨에 따라 국제적인 문제가 발생하는 원인이 되고 있다. 이 이유로 우리들은 세계의 동향을 알아야 한다.

나중에까지 큰 영향을 준 것이 1945년 미국 트루먼 대통령에 의해 발표된 「대륙봉에 관한 선언」이다. 이것은 미국의 대륙봉에 관해 미국이 관할권을 가지고 있다는 내용이다. 이것은 육지의 지속인 대륙봉에 당연히 국가의 관할권이 미친다고 하는 것이지만, 대륙봉 위에 있는 수면에까지 관할권이 미치는 것은 아니다. 즉 항해의 자유는 지금대로 인정되는 것이다.

1945년 트루먼 선언 이래, 각국은 이것을 모방했다. 또 이것을 확대하여 해석하는 국가가 나타났다. 가장 두드러진 것이 남아메리카의 국가들이다. 그들은 대륙봉 위의 해면에까지 주권이 미친다고 하며, 더욱더 확대하여(대륙봉을 넘어서) 해안으로부터 200해리까지 주권이 미친다고 선언했다.

일반적으로, 선진국은 자유롭게 사용할 수 있는 바다를 가능한 한 넓혀서 외국 가까이에서의 활동 범위를 넓히려고 하고, 후진국은 자기들이 사용할 수 있는 범위를 가능한 한 넓혀서 외국이 접근하지 못하도록 한다. 이 때문에 때로는 국가 사이에 분쟁이 일어나는 일이 있다. 이것을 방지하기 위하여 각국에서 바다의 사용에 관한 조약을 만드는 것이 제안되었다. 그래서 국제연합은 제네바에서 1958년 해양법 국제회의를 열어, 4개의 조약을 채택했다.

〈해양법의 조약〉

⑴ 영해에 관한 조약

영해란 육지와 똑같이 국가의 주권이 미치는 범위이다. 이 조약은 영해의 법적 지위를 분명히 했다. 또 영해를 측량하는 경우에는 그 국가 공인의 대축척 해도의 저조선을 기준으로 하는 것도 정해졌다. 그러나 가장 중요한 영해의 폭에 대해서는 각국의 의견이 일치하지 않아 영해는 아직 정해지지 않고 있다.

영해에 대해서는 옛날부터 대포의 탄환이 도달하는 범위로 생각되었다. 18세기에는 이것이 3해리(약 5.5㎞)였기 때문에, 이것이 영해의 기준으로 상당히 근년까지 지켜져 왔다. 그러나 최근에는(앞에서 설명했듯이) 영해를 넓게 하는 국가가 많아졌다. 각국이 채용하고 있는 영해의 범위는 3해리(일본, 미국, 영국, 프랑스, 독일 등), 4해리(노르웨이 등), 6해리(이탈리아, 스페인 등), 12해리(러시아, 인도네시아, 이란 등), 200해리(남미 국가) 등으로 여러 가지이다. 그러나 이것은 드디어 통일되었다.*

⑵ 공해에 관한 조약

공해란, 어떤 국가의 주권도 미치지 않는 바다를 말한다. 공해는 어떤 국가의 지배로부터도 자유롭지만 무질서로 방치되어도 좋다는 것은 아니다. 즉 공해의 자유를 침범하는 행위는 국제법에 대한 위반으로 생각할 수 있다. 공해의 자유에는 ① 항해의 자유, ② 비행의 자유, ③ 어업의 자유, ④ 해저 전선 및 해저 파이프라인의 부설 자유가 있다. 공해란 영해에 접하는 것이다. 영해의 폭이 결정되어 있지 않기 때문에, 공해가 어디부터 시작되는가는 미결정이다.

⑶ 어업 및 공해의 생물 자원 보존에 관한 조약

이것은 어업에 관한 것이기 때문에 여기서는 생략한다.

⑷ 대륙붕에 관한 조약

이 조약에서 말하는 대륙붕이란 육지로부터 이어진 수심 200m까지의 해저 및 이것에 이어진 개발 가능한 해저를 말한

* 1982년 유엔해양법 협약이 성립되어 12해리 영해가 성문화되었다.

다. 따라서 지질학에서 말하는 대륙붕과는 다르다. 이 조약은 연안국이 그 국가의 대륙붕을 조사하고, 그곳에 존재하는 천연 자원을 개발하는 권리를 가진 것을 분명히 하고 있다. 여기서 말하는 자원이란 광물 자원 및 정착 생물 자원이다.

〈해저 이용〉 대륙붕의 사용에 관해서는, 이미 설명한 것과 같이 국제연합에서 조약을 결정했다. 최근에는 기술이 진보했기 때문에 대륙붕보다 더욱더 깊은 부분의 개발이 행해지고 있다. 그러나 이것이 무제한으로 행해지면, 특정 국가만 이익을 얻을 염려가 생겼다. 1967년 몰타의 국제연합 대표가 "대륙붕보다 깊은 해저를 어떤 국가의 영유로도 하지 않고, 그 개발 이익이 인류 전체를 위하여 이용되도록 해야 한다"고 제안했다. 그 결과 1968년에 국제연합 안에 해저평화이용위원회가 만들어졌다. 그리고 이 위원회의안에 의한 해저 이용 원칙이 1970년 총회에서 채택되었다. 이 원칙은 심해저와 그 자원을 인류 공동의 재산으로 하고, 이것을 인류의 이익, 특히 후진국의 이익을 고려하여 개발해야 한다는 것을 분명히 하고 있다. 그러나 이 원칙은 자원 개발의 구체적인 절차, 기타에 대해서 분명히 하지 않았고, 이들은 앞으로 검토해서 결정하기로 했다. 위원회로서는 심해저의 자원 개발에 대해서 국제기관을 설립하여 감시하는 방향으로 움직이는 중이다.

해면 및 해저의 평화 이용에 관해서 일본은 큰 관심이 있다. 또 그것에 대해 적극적으로 의견을 말해야 한다고 생각한다. 그러나 일본은 앞에 설명한 「대륙붕에 관한 조약」에 들어가 있지 않다. 이것은 일본의 수산업자가 반대하고 있기 때문이다(앞의 4개 조약 중 일본이 들어가 있는 것은 첫 번째와 두 번째뿐이다).

일부 업자의 이익을 위하여 이와 같은 방법을 사용하면 일본이 세계의 동향으로부터 남겨져 외톨이가 되지 않을까 염려된다.

2. 에너지는 바다가 필요하다

석유와 일본 경제　현재 인류는 필요로 하는 에너지를 바다에서 구하고 있다. 만약 바다가 에너지 공급을 거부한다면, 일본 사회는 암흑으로까지는 가지 않아도, 조금 어둡게 되는 것은 확실하다. 그 실태는 이렇다.

지금부터 25년 정도 전부터 석유는 점차 해양에서 생산되었다. 그 양은 매년 급증하며, 현재는 석유의 전 생산량의 20% 가까이에 달한다. 일본에서 사용하고 있는 석유도, 상당한 부분이 바다로부터 온 것이다.

이 20년 정도 사이에 일본은 순조롭게 외국에서 비교적 싼 가격으로 석유를 수입했다. 그리고 일본인은 이 석유를 충분히 사용하여 산업을 발전시켜, 국가 경제를 향상했다. 일본이 자유세계 2번째의 GNP가 된 큰 원인의 하나로, 석유에너지를 충분히 사용한 것을 들 수 있겠다. 일본인은 이와 같은 에너지 공급이 앞으로도 똑같이 계속될 것으로 생각하고 있다. 그러나 최근 에너지의 위기가 다가오고 있다. 이것은 해양개발과 밀접하게 관계하고 있기 때문에, 우리들은 이것에 대해서 올바르게 이해해야 한다.

에너지 위기　에너지 위기를 부르짖게 된 근본은 미국에 있다. 미국이 자기 나라에서 사용하는 에너지가 부족해졌다고 말

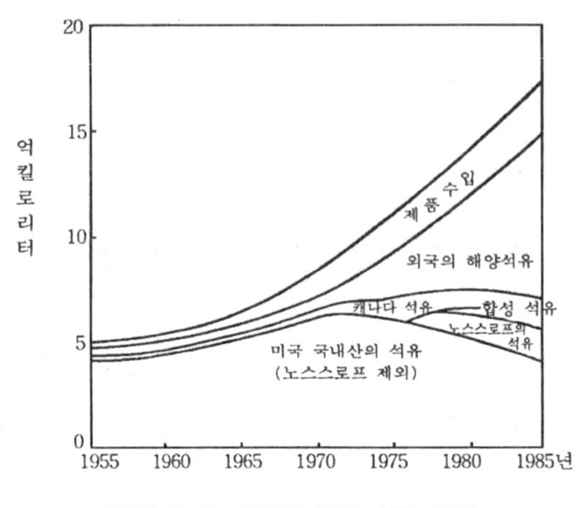

〈그림 2-1〉 미국에 대한 석유 공급

했기 때문이다(1973년 4월 발표한 「에너지교서」). 그 내용은 여러 가지가 있지만, 그 예를 나타내면 〈그림 2-1〉과 같다.

이 그림에는 매년 석유 공급에 대한 1955년부터 1971년까지의 실적과 그 후 1985년까지의 예상을 나타내고 있다. 석유의 전 소비는 1965년부터 급증하여 1985년까지 상승을 계속하고 있다. 이것에 대한 미국 국내산 석유는 1970년까지는 조금이나마 증산하고 있지만, 이 이후는 감소하기 시작한다. 그리고 일시적으로는 노스슬로프의 석유 및 합성석유가 추가되기 때문에 산액은 증가하지만, 공급은 다시 감소하기 시작한다.

미국의 석유 소비에 대한 미국 국내산 석유의 비율은 1970년까지 70% 이상을 유지하고 있었다. 이것은 1973년경부터 급격히 내려가기 시작하여, 얼마 안 있어 50%를 밑돌게 되었다. 이 감소분은 먼저 제품 수입과 캐나다 석유에 의해 보충되지만, 그 양은 전체적으로 보면 얼마 안 된다. 결국 〈그림

2-1〉과 같이 부족한 대부분의 양은 외국의 해양석유에 의해 보충된다.

지금까지 미국의 부족한 석유는 캐나다(육상석유)와 베네수엘라(해양석유)로부터 보내오고 있지만, 이 국가들도 한계 능력에 가까워지고 있다. 여력이 있는 곳은 중동과 아프리카밖에 없다. 이곳의 석유도 유럽과 아시아로 보내기 때문에, 그 정도로 여유가 없다. 여기에 미국이 파고들어 오면 석유의 쟁취가 시작된다. 이것을 방지하기 위해서는 급히 증산해야 한다. 육상석유에서도 증산할 수 있지만, 해양석유 쪽이 빠르다. 그래서 미국에 수출하는 석유를 획득하기 위해서 해양개발을 적극적으로 해야 한다. 만약 이것이 예정대로 진행되지 않으면 일본에 석유가 들어오지 않게 된다.

이상의 이유로 중동 및 아프리카에서 해양석유의 개발은 적극적으로 행해지고 있고, 유럽 특히 영국은 석유의 자급률을 높이기 위해 북해의 개발을 매우 급하게 진행하고 있다.

에너지의 위기에 관해서 위에서 간단히 설명했다. 다시 말해 미국의 에너지 위기는 그대로 아시아의 에너지 위기가 될 것 같다. 다시 말해, 국산 에너지가 거의 없는 일본은 미국보다도 훨씬 큰 에너지 위기에 부닥칠 것이다. 이것을 방지하기 위해서는 해양개발을 더욱더 대규모로 하는 것이 가장 좋은 방법이다. 지금의 인류는 에너지를 구하기 위해 바다에 의존할 수밖에 없다. 공업국에 사는 우리들은 이것에 관해서 분명히 알아야 한다.

3장
기초가 되는 기술

일반적으로 기술과 관계있는 산업에는 기초가 되는 기술이 있고, 이것에 응용기술이 추가되어 산업으로 실용화되는 것이 보통이다. 유달리 해양개발은 다른 산업과 달라 특수한 기초기술이 요구된다.

1. 조사기술

해양은 넓고, 우리에게는 미지의 부분이 너무 많다. 굳게 닫혀 있던 문을 활짝 열고, 속에 숨겨진 신비한 것을 분명히 밝히는 것이 조사기술이다. 이것은 해양에서의 미지와의 싸움이라고 할 수 있다. 바다는 위로부터 해면-해중-해저-해저하 순서로 되어 있기 때문에, 조사는 이것에 따라서 4개로 분류된다.

A. 해면의 조사

해면을 조사하는 방법은 하늘에서 행하거나 배 등을 사용하여 해면에서 행한다.

하늘에서의 조사　하늘에서 조사하는 경우에는 어떤 도구를 사용해야 한다. 인공위성, 우주선 및 항공기의 3종류가 있지만, 앞의 2개는 유감이지만 일본에서 실적이 없고, 미국의 기록을 사용할 수밖에 없다. 이것은 해면 위 500~1,500㎞에서 관측하는 것으로, 매우 넓은 범위를 한순간에 관측할 수 있는 이점이 있다. 이것에 의하면 지름 4,000㎞ 정도의 넓이를 1매의 사진에 넣을 수 있다. 만약 배를 사용하여 같은 넓이를 관측하면 1개월이나 걸리며, 바다의 상태가 변하기 때문에 정확한 기록을 얻을 수 없다. 좁은 구역을 자세하게 조사하는 데는 항공기를 사용한다.

관측은 먼저 적외선 사진 촬영에 의한다. 적외 방사선은 온도에 비례하기 때문에, 사진에 잡힌 방사선의 강도로부터 해수의 온도를 알 수 있다. 나아가 해수의 온도로부터 조류를 아는 것이 가능하고, 유빙의 분포도 구할 수 있다. 이외에 컬러사진도 사용되지만, 이 경우에는 필터를 사용하여 색을 분석한다. 이것에 의해 해저지형, 물의 투명도, 해수의 오염 상태 등을 알 수 있다.

인공위성 다이로스 2호, 3호, 4호, 7호가 1960년부터 사용되었고, 똑같이 닌바스 1호, 2호, 3호는 1966년경부터 사용하였다. 사람이 탄 우주선 제미니 5호는 1965년에 사용되었다.

배에 의한 조사 해양조사의 종류에 따라 방법은 상당히 다르지만, 해면 조사에는 배를 사용하는 것이 가장 일반적이다. 대부분의 경우, 해양조사를 전문으로 하는 배를 사용한다. 해양조사선(6장 참조)은 목적에 의해 해양연구, 기상관측, 해양측량, 어업조사, 지질조사 등의 전공으로 분류한다.

먼저 해양연구선은 일본에서는 그 대부분이 대학에 소속되어 있고, 해양과학 연구를 주목적으로 한다. 이와 같은 연구는 해양개발의 기초가 되기 때문에 중요함과 관계없이, 일본에서 그

수는 10척 정도밖에 없다. 이 중에서 가장 뛰어난 성능을 가지고 있는 도쿄대학 해양연구소의 Hakuhoumaru에 관해서 설명한다.

Hakuhoumaru는 해양과학 각 분야의 기초연구를 하는 것을 목적으로 하고, 총톤수 3,225톤, 최대 속력 15.8노트의 해양연구선이다. 연구를 위해 진동을 작게 하는 것과 2노트의 작은 속도를 내기 위해 전기 추진을 채용하고 있다.

이 배에는 해양에 관한 물리학, 화학, 지질학, 생물학 연구실이 있고, 또 전자계산기가 설치되어 있다. 해수나 해저의 진흙 등을 채취하기 위해 10대의 윈치가 있고, 그 최대의 것은 10,000m가 넘는 깊은 바다에서 시료를 채취할 수 있다. 이외에 음향 측심의, 어군탐지기, 유속계, 염분계, 중력계 등 연구에 필요한 측정기가 부착되어 있다. 선원 55인 및 학자 32인이 타며, 25,000㎞의 항속거리가 있다.

일본에는 기상관측선이 10척 정도 있고, 측량선이 5척, 어업조사선이 수십 척 있어서, 각 전공에 관해 필요한 조사를 하고 있다.

부이에 의한 조사 그다지 깊지 않은 바다에서 장기간에 걸쳐 기상, 해상을 관측하는 데는 관측탑이 사용된다. 그러나 바다가 30m 이상 깊어지면 탑의 건설비가 매우 많아지게 된다. 이것에 대해서 깊이와 관계없이 사용하는 것이 관측 부이(Buoy)이다. 이것을 사용하면 한 곳에서 장기간 관측할 수 있고, 끝나면 다른 장소로 이동할 수 있기 때문에 고정식보다 편리하다. 이것은 무인이고, 관측과 그 결과의 보고는 모두 자동적으로 행해지기 때문에, 조사선을 사용하는 것에 비하면 매우 싼 비용으로 기상, 해상의 관측을 할 수 있다. 장래에는 관측 부이가 상당히 많이 사용될 것으로 예상되며, 그 사용 목적으로 다음의 4가지를 고려할 수 있다.

(1) 기상, 해상의 관측

바다에서 무엇인가 일을 하는 경우, 예를 들면 해양 구조물을 건설하든가, 바다의 생물을 증식하든가 또는 바다를 레크리에이션장으로 이용하는 경우에, 제일 먼저 정확하게 알아야 하는 것은 바다의 상태이다. 이 때문에 긴 기간에 걸친 기상, 해상의 측정기록이 필요하며, 이것은 관측 부이에 의해 얻을 수 있다.

(2) 관측 결과의 통보

정확한 일기예보를 내기 위해서는 넓은 범위의 기상기록이 필요하다. 부이를 배가 지나지 않는 장소에 배치하여 기상 상황을 정기적으로 확인하면, 넓은 바다의 상태를 전체적으로 알 수 있고 육지의 일기예보에도 매우 유효하다.

(3) 해수의 오염조사(해수의 화학적 조사)

배의 폐유, 공장 폐수, 또는 일반 가정의 오수 등에 의해 해수가 오염된 경우, 부이에 의해 정확한 기록을 얻을 수 있기 때문에, 이것을 사용하면 오염 방지에 도움이 될 수 있다.

(4) 해수의 물리성 조사

예를 들면 발전소에서 흘러나온 온배수 등에 의한 해수의 물리적 성질 변화를 부이에 의해 구할 수 있기 때문에, 이와 같은 장해 방지에 도움이 된다.

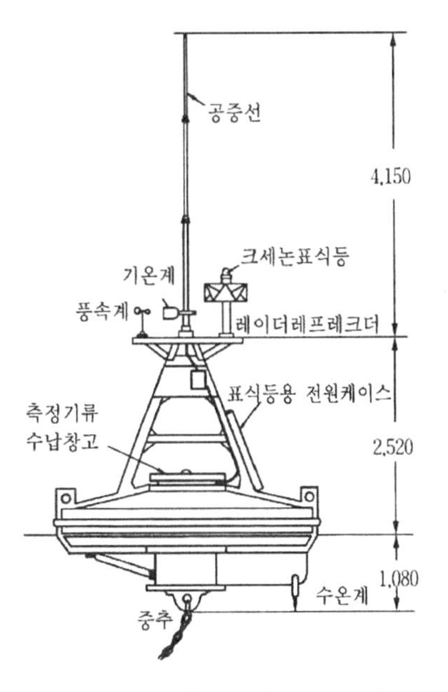

〈그림 3-1〉 기상청 1호 부이

부이의 관측 항목은 목적에 의해 다르지만, 대부분의 경우 기압, 바람(속도, 방향), 조류(속도, 방향), 파랑(파고, 주기), 수온, 물의 화학적 성분, 탁도, 부유물 등 중 목적에 따라서 선택된다. 관측 횟수 및(무선에 의함) 보고 횟수는 목적에 따라서 적당히 정해지지만, 이것은 전원의 수명에도 관계된다. 부이는 파랑에 의해 끊임없이 움직이기 때문에 충분한 강도를 가지도록 설계해야 한다. 이것을 위해서는 가능한 한 가벼운 재료로 제작하고, 그 형태 및 크기는 부착하는 기기의 종류 및 수에 의해 정해진다. 해저에 주철 또는 콘크리트의 앵커를 설치하고, 와이어 또는 로프에 의해 부이를 계류시킨다.

예로서 기상청의 1호 부이에 관해서 설명해 보겠다. 이것은

〈그림 3-1〉에 나타나듯이 소형의 것이며 관측 항목도 적다. 본체는 지름 3.5m의 원판 모양을 하고 있고, 이것은 알루미늄제이며, 속에 폴리우레탄폼이 채워져 있다. 전체 중량은 2.2톤, 관측 항목은 풍속, 기온, 수온(해면 아래 1m 및 10m)의 4종류이다. 24홀드의 알칼리축전지를 사용하며, 1일 4회의 측정과 통보를 하고 수명은 3개월이다. 수심 1,645m의 동해에 설치해 사용되며, 450㎞ 떨어진 Maitsuru 기상대에서 수신된다.

대형의 관측 부이로서는 미국에서 제작된 몬스터 부이가 있다. 본체의 지름은 12.2m, 두께는 2.3m, 무게는 50톤, 마스트 높이는 15m이다. 프로판을 연료로 하는 2대의 엔진에 의해 전지로 충전한다. 관측 항목은 기상으로는 해면 위 5, 10, 15m의 온도, 습도, 풍속, 기압, 및 강우량 등이고, 해상에서는 조류의 속도, 해면 온도, 해면 아래 500m까지 10곳의 온도, 전기전도도, 염분 등이다. 이들의 관측은 1시간마다 행해지며 전자기 테이프에 기록되어 육상의 지령에 의해 통보된다. 이것은 깊이 5,100m의 태평양에 계류되어 사용된다.

B. 해중의 조사

해중 조사의 특색 육상에서는 무엇인가를 조사하려면 멀리서부터 볼 수 있고, 또 걸어서 가까이 다가가 조사하는 것도 쉽다. 만약 조사 결과를 신속하게 보고할 필요가 있다면 무선통신을 이용할 수도 있다. 하지만 이것이 해중이 되면 어느 것도 간단하지 않다. 수중 상태는 공기 중과는 전혀 다르기 때문이다. 해중에서 조사하기 어려운 원인은 다음의 4가지로 정리된다.

(1) 수중에서는 압력이 높다. 깊이 10m마다 약 1기압 높아진다.

(2) 사람은 수중에서 호흡할 수가 없다.

(3) 물은 빛을 흡수하고 산란시키기 때문에, 수중은 어둡다.

(4) 수중에서는 전파를 사용할 수가 없다.

먼저 압력은 사람이 잠수 조사선 등에 승선하여 해중 깊이 내려갈 때 문제가 된다. 조사선의 내부는 1기압으로 유지되기 때문에, 만약 해면 아래 수천 m까지 내려가면, 내외의 압력 차는 수백 기압이 된다. 이 때문에 구조를 충분히 강하게 하지 않으면 해중을 조사할 때 최대의 문제가 된다. 다음에 사람이 직접 해중에서 조사하는 경우에는 잠수기술을 사용해야 한다. 50m 정도까지 잠수하는 것은 그렇게 어려운 것은 아니지만, 그 이상 깊게 잠수하는 데는 특수한 기술을 필요로 한다.

물은 빛을 통과시키기 어렵기 때문에(장소에도 의하지만) 해면으로부터 50m 내려간 것만으로 상당히 어두워진다. 그것보다 깊어지면 거의 어떤 것도 볼 수 없게 된다. 눈으로 보든지 사진이나 텔레비전 또는 인공의 조명을 사용해야 한다. 빛이 물속을 통과하기 어려운 원인은 흡수와 산란이지만, 이것은 물의 분자뿐만 아니라, 수중의 부유물에도 원인이 있다. 물체에 빛을 쬔 경우에 빛은 역방향으로도 산란하기 때문에, 물체를 보기가 매우 어렵다. 이것을 막기 위해서는 빛을 가능한 한 좁게 비추도록 하고, 또한 물체에 다가간다.

빛의 흡수를 막기 위해서는 빛에 흡수되기 어려운 녹색을 사용한다. 광원으로서는 열전구, 할로겐램프 및 각 종류의 수은램프를 사용한다. 해중에서 사용되는 조명기구는 깊이에 따른 압력에 견딜 수 있을 것, 해수에서 부식되지 않을 것, 해수에서 조작이 쉬울 것, 안전성이 높을 것 등 육상에서는 생각할 수 없는 것이 요구된다.

해중의 조사 또는 작업에는 사진 촬영이 자주 행해지며, 그 때문에 해중 깊은 곳에서 사용되는 수중 사진기가 고안되어 제작되고 있다. 이들은 높은 압력이나 부식에 견딜 수 있고, 동시에 원격조작할 수 있는 것이 육상의 사진기와 다르다. 같은 목적으로 수중 텔레비전이 사용되는 것도 많다. 해중은 어둡기 때문에, 이들은 조명 장치와 함께 사용하는 것이 보통이다.

해중 통신 수중 조사에서 무선 연락을 하기도 하고, 무선으로 장치를 운전할 필요가 생기는 일도 많다. 그러나 공기 중과 같이 간단하게 무선 연락을 할 수는 없다. 이것은 바다가 무거운 물질로 구성되어 있기 때문이다.

먼저 전파는 수중에서 엄청나게 감쇄하기 때문에, 짧은 거리를 제외하고 전파를 사용하는 것은 불가능하다. 이것에 대신하는 것으로서 빛이 있지만, 이것도 이미 설명한 것과 같이 감쇄가 심하여 통신에 사용할 수 없다. 단지 하나의 희망을 품을 수 있는 것으로서 특수한 빛, 즉 레이저 광선이 있다.

〈레이저 광선〉 레이저 광선은 단순성 및 지향성에 있어서 보통의 빛보다 뛰어나며, 수중에서도 감쇄 정도가 약하다. 또 짧은 파장이기 때문에 통신량을 늘릴 수 있어 유리하다. 그러나 이것도 감쇄하기 때문에 만능은 아니다. 이 광선에 의한 통신 가능 거리는 Tokyo만 부근에서 50m, 깨끗한 바다에서도 200m 정도밖에 안 되고, 현재에는 해면과 해중기지 사이 같은 가까운 장소에서 사용하는 것을 생각할 수 있다. 이 기술은 현재 연구가 진행되고 있기 때문에, 장래에는 훨씬 멀리에서도 사용할 수 있을 것이다.

〈초음파〉 해중 통신에서 사용할 수 있는 것은 음파이다. 음파는 해중에서 상당히 잘 전달되지만, 결점은 속도가 느린 것이다. 해중에서 1초에 1,500m 정도의 속도로 전달되지만, 이것은 전파의 약 1/200,000이다. 그래서(공기 중에 있어서) 전파에 비하면 응용 범위가 매우 작다.

음파 중에도 통신에 사용되는 것은 초음파이다. 사람이 들을 수 있는 음파의 진동수는 매초 16~20,000의 범위지만, 보통은 매초 20,000 이상의 진동수를 가진 음파를 초음파로 부른다. 초음파는 수중에서 비교적 흡수되기 어렵고, 멀리까지 전달된다. 현재는 10㎞ 정도까지 통신할 수 있다.

해중 통신에 사용되는 장치는 소나(음향탐지기)다. 종래에는 항해 목적으로 해중에 발신한 음파를 관측하는 장치였다. 최근에는 의미가 넓어져, 소나는 수중 관측을 목적으로 음파를 사용하는 장치를 말한다. 이것이 사용되는 예는, 깊이 측정(음향 측심)이 있다. 이것은 배로부터 초음파를 발신하고, 이것이 해저에 부딪혀 반사해 오는 것을 배에서 측정한다. 발신에서 수신까지의 시간을 정밀하게 측정하면 음의 속도를 알 수 있기 때문에 깊이를 구할 수 있다. 단, 음의 속도는 온도에 따라 다르기 때문에 이것에 대해서 바로잡아야 한다. 배를 이동시켜서 측정을 반복하면 해저지형을 알 수 있다(측량). 음파의 반사 정도는 해저 물질의 성질에 따라 다르기 때문에, 주파수를 바꾸어 측정하는 것으로 해저 상태를 추정할 수 있다(헤드로층 탐지). 어류가 무리를 이루고 있으면 음파를 차단하기 때문에, 이것은 어류를 찾는 데 사용된다(어군 탐지). 앞으로, 해양개발의 발달과 함께 소나의 응용 범위는 한층 확대될 것이다.

앞에 설명한 수중 사진기 또는 텔레비전은 혼탁한 물속에서는 사용할 수 없다. 빛 대신에 초음파를 사용하면, 혼탁한 물속에서 사용할 수 있는 사진기 또는 텔레비전도 가능하게 된다. 이것에 관한 연구는 진행되고 있고, 실용품이 제작되었다.

이상과 같이 해수의 무게, 어둠에 대한 기술은 아직 완전하지 않지만, 각 방면에서 연구하고 있기 때문에 가까운 장래에 각 종류의 새로운 기술이 등장할 것이다.

잠수조사선 해중의 조사 방법에는 많은 종류가 있지만, 사람이 직접 바닷속에 깊이 내려가 눈으로 보는 방법이 가장 적극적이다. 그러나 해중에 깊이 내려가면 압력이 매우 높아서 상당히 강한 구조가 아니면 부서져 버린다. 해중 조사는 정말로 압력과의 싸움이다. 여러 가지 형태 중에서 압력에 대해 가장 강한 것이 구(球)이다. 초기의 해중 조사는 사람이 강철제 구 속에 들어가 행했다. 미국에서는 사람이 들어간 지름 1.4m의 잠수구를 배에서 와이어로 들어 내리는 것에 의해 해면 아래 1,380m까지 도달했다. 이것은 1946년의 일로 사람이 처음 심해에 내려간 것이다. 그 후 이 기술이 진보하여, 1953년에는 이탈리아에서 3,150m까지, 1954년에는 프랑스에서 4,050m까지 내려가는 데 성공했다. 미국 해군은 1960년 마리아나 해구에서 10,916m의 깊이까지 내려가는 데 성공했다. 이것이 인류가 해중에 내려간 가장 깊은 기록이다.

잠수구는 해중 깊이 내려가는 것에는 적합하지만, 해중에서

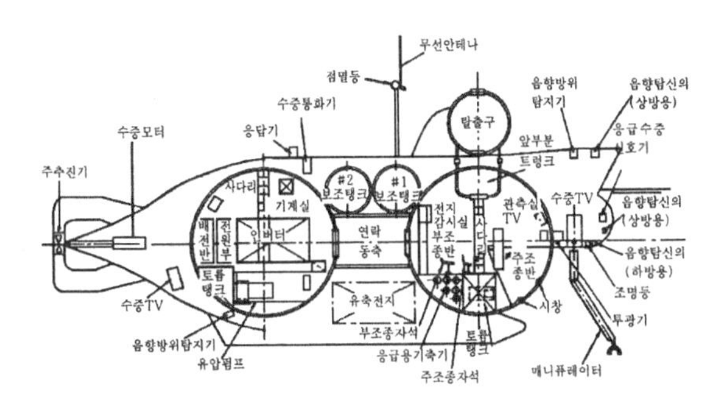

〈그림 3-2〉 'SHINKAI'

속도가 느려 자유롭게 움직이는 데는 적합하지 않다. 그래서 점차 배의 형태를 한 것이 만들어지게 되었다. 사람이 들어가는 부분은 구 또는 원통으로, 이것에 적합한 부속품이나 생선꼬리, 지느러미를 붙여 이동하기 쉬운 형태를 하고 있다. 잠수선의 예로서 일본에서 만들어진 'SHINKAI(深海)'를 들 수 있다.

'SHINKAI'는 1969년에 건조되었으며, 그 구조를 〈그림 3-2〉에 나타냈다. 사람이 들어가는 부분은 기계실과 관측실이고, 이것은 구형이다. 양자는 동통으로 연결되며 이 부분은 1기압으로 유지되었다. 많은 부속품, 예를 들면 전지, 탱크, 수중 모터, 조명 및 각 종류의 측정 장치는 구의 바깥쪽에 있고 직접 높은 수압을 받는다. 'SHINKAI'의 치수, 성능은 〈표 3-1〉에 나타나 있듯이, 잠수 능력은 600m이고, 현재 일본의 장치로서는 최대 능력을 갖추고 있다. 관측 장치는 〈표 3-2〉에 나타내고 있다. 이것에 의해 'SHINKAI'가 해중에서 하는 관측 종류를 알 수 있다. 또 머니퓰레이터란 '손과 같은 작동을 하는 것'이고, 지질자료를 취하기도 한다.

실적이 많은 미국의 잠수조사선에서는 1964년에 1,800m까

〈표 3-1〉 'SHINKAI'의 성능표

길이	16.52m
폭	5.53m
깊이	5.00m
수중 상태 배수량	90.17t
최대 잠항심도	600m
수중 속력	1.5노트
항속시간	10시간
공기청정 능력	48시간
승무원	4인

〈표 3-2〉 관측 장치

머니퓰레이터	1조
플랑크톤 채집 장치	8개
채수 장치	1조
채니 장치	2개
수중 텔레비전	1식
음속 측정 장치	1조
저층류 측정 장치	1조
사리노메이터	1조
수온계	1개
광도계	1개
해저 구조음파탐조 장치	1조
방사선 측정 장치	1조

지 잠수할 수 있는 'ALVIN'호가 완성됐다. 깊이 잠수하기 위해서는 강한 재료를 사용해야 한다. 'ALVIN'호는 보통보다 훨씬 강한 강철을 사용한 것, 가볍고 강한 부력재를 사용한 것이 특색이다. 'DEEP STAR 4000'(〈그림 3-3〉의 a)은 미국에서 설계되어 1965년에 프랑스에서 건조되었으며 미국에서 사용되었다. 이것은 3명이 타는 것으로, 1,200까지 잠수 가능하며 조종성이 좋고 복잡한 지형에서의 조사에 특색을 발휘했다. 다음에는 2,400m까지 잠수 가능한 'DEEP QUEST'(〈그림 3-3〉의 b)가 1967년에 건조되었다.

알루미늄 비중은 강철의 약 1/3이다. 같은 중량으로 알루미늄은 강철의 3배 두께로 사용할 수 있다. 알루미늄은 강도에 있어서 강철보다 떨어지지만 3배의 두께로 3배의 강도를 만들면 강철보다 훨씬 큰 강도의 구조물이 된다. 이 이유로 주요

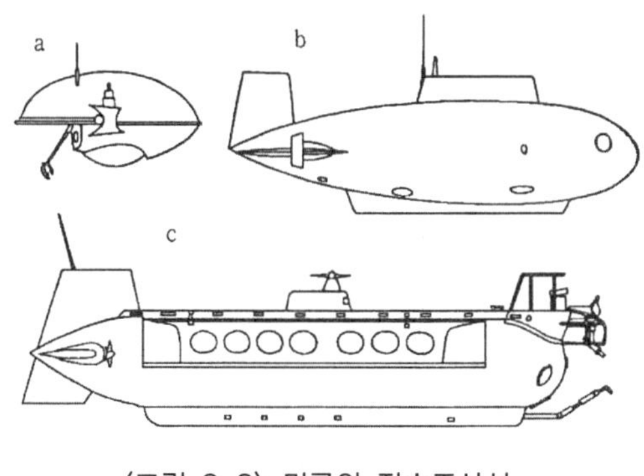

〈그림 3-3〉 미국의 잠수조사선

재료에 알루미늄을 사용한 것이 'ALUMINAUTE'(〈그림 3-3〉의 c)이다. 이것은 1965년에 완성, 4,200m까지 잠수할 수 있다. 특수한 용도로 사용되는 것은 'DSRV'가 있다. 이것은 침몰한 잠수정의 구조를 목적으로 하고, 3인이 타지만 1회에 24인을 구조할 수 있다. 'BEN FRANKLIN'호의 잠수 능력은 6,000m이며, 6인이 타고 1개월이나 관측할 수 있는 점에서 뛰어난 능력을 가지고 있다. 이것은 멕시코만 내의 조류를 장기간에 걸쳐 조사했다.

이상 잠수조사선의 대표적인 것을 나타냈지만, 이들의 능력, 치수 등을 정리한 것이 〈표 3-3〉이다. 참고를 위하여 이 표에 'SHINKAI'도 포함했다.

미국에서는 6,000m까지 잠수할 수 있는 조사선이 이미 설계되었으며, 일본에서도 6,000m용 조사선이 계획되고 있다. 6,000m의 깊이에서는 약 600기압의 매우 높은 기압을 받기 때문에 기술적으로 매우 어려운 문제가 많다.

예를 들면, 높은 압력에 견딜 수 있는 강한 강도의 강철이

〈표 3-3〉 잠수조사선

이름	중량 (t)	길이×폭×깊이 (m)	잠수 능력 (m)	승무원 (명)	건조년
ALVIN	16.5	7.0×2.6×2.2	1,880	3	1964
DEEP STAR 4000	8.8	5.5×3.5×3.1	1,200	3	1965
DEEP QUEST	52	12.2×5.8×4.1	2,400	4	1967
ALUMINAUTE	73	23.2×4.6×5.5	4,200	3	1965
DSRV	33	15.2×2.4×2.4	1,500	3	1968
BEN FRANKLIN	130	15.0×3.3×3.3	600	6	
SHINKAI	90	15.3×5.5×5.0	600	4	1969

필요하다. 이것에는 니켈이나 코발트가 들어간 특수강이 사용된다. 혹은 조사선 전체를 뜨게 하기 위하여 물보다도 가볍게 하며, 또한 강한 부력재도 필요하다. 이것에는 비중이 약 0.6으로 1,000기압의 압력에서도 파괴되지 않는 신테틱폼을 사용한다. 지름이 0.1mm 이하의 중공 유리구를 수지로 굳게 한 것이다. 이와 같은 심해용 잠수조사선은 장래의 심해조사에 필요하며, 현재 적극적으로 개발하려고 하는 것은 대륙붕이다. 당장은 300m 깊이에서 사용할 수 있는 소형의 잠수조사선을 훨씬 손쉽게 사용할 수 있으면 좋겠다.

C. 해저의 조사

해저의 조사에는 보통 초음파를 이용한 음향 측심을 행한다. 깊이의 기준은 해면이지만, 그 해면은 매일 변동하고 있다. 국제적으로 정해진 깊이의 기준면은 최저 저조면이다(또 육상의 높이 기준은 평균 해면이다).

깊이의 측정에서 중요한 것은 측정점의 위치를 정확하게 구하는 것으로, 육지를 볼 수 있는 곳에서 측정점은 육지의 장소에서 측량에 의해 결정할 수 있다. 육지를 볼 수 없는 곳에서는 전파에 의해 해면 위의 위치를 정한다.

음향 측심의 결과는 해도로 정리된다. 일본의 경우 해도는 해상보안청 수로부에서 작성한다. 보통 해도라고 하면 항해용 해도를 말하지만, 이외의 해도에는 수로 특수도가 있고, 학술이나 특정한 산업에 사용된다. 이것에는 해저지형도나 어업용도 등이 있다.

해저지형도는 해저지형의 미세한 점까지 자세하게 측정한 결과를 정리한 것이다. 일반적으로는 평평하다고 생각되는 해저가 의외로 복잡한 형태를 이루고 있다. 해저지형은 육지 성립의 역사도 나타내기 때문에, 그 연구는 육지를 올바르게 알기 위해서도 필요하다. 이외에, 해저지형도는 다리의 건설, 또는 파이프라인, 해저 전선의 부설 등에 사용된다.

D. 해저하의 조사

해저하 상태의 조사가 최근에 주목받게 되었다. 해저에서 구조물의 건설, 광물 자원(특히 석유, 천연가스)의 개발 등 때문이다. 이것에는 간접법(물리 탐사)과 직접법(우물의 굴삭)의 2종류가 있다.

물리 탐사　해저하 깊은 곳의 상태를 비행기 또는 배를 사용하여 조사하는 방법이 물리 탐사이며, 넓은 해양을 짧은 시간에 조사하는 데 적합하다.

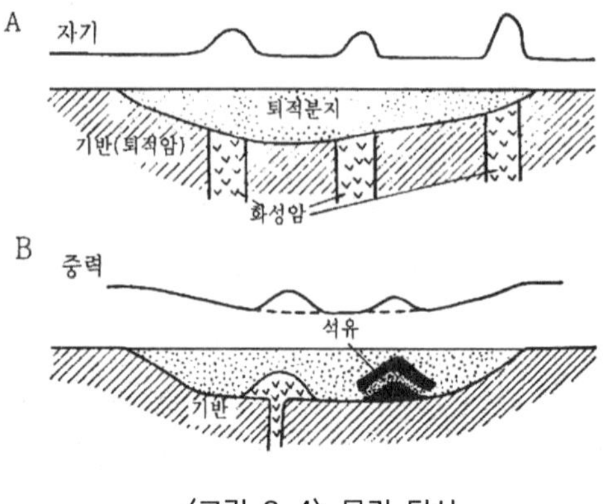

〈그림 3-4〉 물리 탐사

〈자기 탐사〉 이것은 지층의 자성을 측정하는 것으로, 비행기에 자기측정 장치를 붙여 측정하는 점에 특색이 있다. 지층이 자성을 가지는 것은, 주로 그 속에 포함된 자철광에 의한다. 이것은 화성암에 많이 포함된다. 퇴적암의 자성은 전혀 없거나 매우 약하다. 지질구조와 자기를 나타낸 쪽을 보인 것이 〈그림 3-4〉의 A이다. 실제로는 이처럼 분명하게 나타나지 않기 때문에, 측정 결과의 판단은 매우 어렵다. 그러나 짧은 시간에 넓은 범위의 측정을 할 수 있기 때문에, 지질구조의 대략을 알기 위해 사용된다.

〈중력 탐사〉 해면에서의 중력은 지층 질량이 큰 것이 해저 가까이에 있을수록 크게 나타난다. 지하의 지질구조와 해면 위의 중력을 나타내는 예를 〈그림 3-4〉의 B에 보였다. 지하에 배사구조가 있으면 해면 위의 중력은 크게 나타낸다. 그러나 화성암이 부풀어 오른 경우에도 중력이 크게 나타나기 때문에, 구별하여 판별하는 것이 요구된다. 중력은 중력계를 해저에 설치하든가 또는 배에 설치하여 측정한다. 후자는 측정 정도가 낮지만, 짧은 시간에 측정할 수 있는 점에서 유리하다.

〈지진 탐사〉 해중에서 화약을 폭발시키면 지진파가 발생한다. 그리고 지진파는 해저에서 더욱더 지중에 전달되어 그것이 지하의 굳은 지층에 부딪히면 반사하여(일부는 굴절하여) 해면까지 되돌아온다. 이것을 측정하여 지하의 지질구조를 알 수 있다. 이 목적으로 이전에 다이너마이트가 이용되었지만, 이 방법으로 어류가 죽었기 때문에 반대가 있어, 현재 일본 근해에서는 사용할 수 없다. 그 대신에 다음과 같은 비폭약법(Non-Dynamite법)이 사용된다. 이들은 음파 탐사라고도 불린다.

(a) 에어건(Air Gun): 150기압의 압축공기를 실린더에 넣고, 이것을 해중에 방출한다. 이 공기가 해중에서 팽창할 때에 나오는 압력파를 이용한다.

(b) 아쿠아 펄스(Aqua Pulse): 고무 주머니에 프로판 가스와 산소를 넣고, 이것에 점화하여 고무 주머니가 팽창할 때 발생하는 압력파를 이용한다.

(c) 스파크(Spark): 수중의 전극 사이에 10,000볼트 이상의 전압을 주어 방전시켜, 그때 발생하는 진동파를 이용한다.

〈이용법〉 넓은 범위의 조사에는, 먼저 공중자기조사를 전역에 걸쳐 행한다. 이것에 의해 지역 구조나 암석 분포에 대해서 대략의 지식을 얻을 수 있다. 다음에 특정 구역을 선정하고, 조직적으로 중력 탐사를 행한다. 이상에 의해 지하구조나 기반암 분포 등이 분명해진다. 이 결과를 검토하여, 중요 구역에 음파 탐사를 행하고, 더욱더 자세하게 지질구조를 분명히 한다.

해양개발에서 물리 탐사가 행하는 역할은 매우 크다. 다행히도 현재의 기술을 사용하면 상당히 효과적인 조사를 행할 수 있기 때문에, 강한 사회적인 요망에 부응할 수가 있다. 이 기술은 앞으로도 해양개발에 있어서 더욱더 넓게 사용될 것이다.

우물의 굴삭 해저에서 지구의 중심을 향하여 지름 20~40㎝의 구멍을 뚫는 것을 '우물의 굴삭'이라고 이름 붙였다. 지층 그 자체를 해면 위로 끄집어내어 조사할 수 있기 때문에 가장 직접적인 해저하 조사라고 말할 수 있다. 구멍을 뚫는 방법은 파이프를 회전시키는 로터리 굴삭에 의한다. 일본에서는(육상에서) 이 방법으로 깊이 5,000m까지 뚫은 일이 있고, 미국에서는 9,000m를 넘는 깊이까지 뚫었다. 해저하 수천 미터에서 정확한 정보를 얻는 방법은 이 기술 이외에는 없지만, 일본에서는 일반적으로 알려져 있지 않다.

로터리 굴삭의 요점을 나타낸 것이 〈그림 3-5〉이다. 굴삭기계 세트가 작업대 위에 설치되어 있다. 먼저 케이싱을 박아 해수를 차단한다. 굴삭기계 중에서 중요한 것이 로터리 테이블과 점프이다. 로터리 테이블은 회전력을 드릴파이프에 전달한다. 드릴파이프는 길이 7~10m의 내경 파이프이고, 나사로 접속된다. 드릴파이프의 하단에는 비트가 부착되어 있다. 비트는 일종의 '송곳'으로, 이것을 회전시키는 것에 의해 지층을 파괴하여 깊게 굴삭한다.

이 경우에 펌프로부터 굴삭니수를 보내고, 드릴파이프 속을 통하여 비트 앞으로 분출시킨다. 굴삭니수란 물에 점토를 섞어서 액체 상태로 만든 것이다. 비트에 의해 부서진 지층의 일부는 니수에 의해 제거되며, 니수와 함께 작업대까지 운반된다.

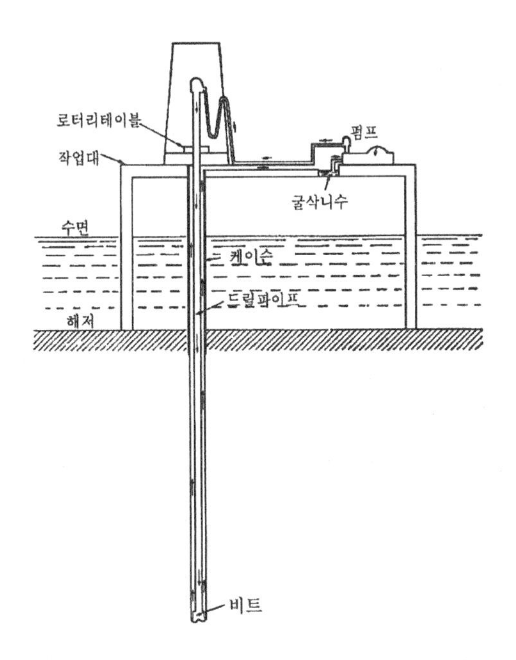

〈그림 3-5〉 로터리 굴삭

니수는 펌프에 의해 다시 아래로 보내진다. 이 니수는 지층의 붕괴를 방지하는 중요한 역할을 한다. 비트가 7~10m 지층을 파내려 갈 때마다 드릴파이프를 접속시키면, 필요에 따라 길이 수천 미터까지 도달할 수 있다.

이렇게 하면 어떤 어려움도 없이 우물의 굴삭이 되는 것처럼 보이지만, 실제로는 곤란한 문제가 많이 발생하며, 목적하는 깊이에 항상 도달한다고는 할 수 없다. 예를 들면 비트가 10m도 파지 못하는 동안 비트가 굳은 지층에 부딪히면 망가져 사용할 수 없게 된다. 그때마다 드릴파이프 전부를 끌어올려 새로운 비트와 교환해야 한다. 이것은 작업을 경제적으로 곤란하게 한다.

일반적으로는 1,000m 정도를 비트를 교환하면서 판 후에, 그 부분에 케이슨을 넣어 지층이 붕괴하는 것을 막는다. 만약 지층이 매우 부서지기 쉽거나 지층으로부터 고압 액체가 분출하면 케이슨을 많이 사용하게 되어 깊이 굴삭할 수가 없다.

우물의 굴삭에서 많은 정보를 얻을 수 있다. 이것에는 2종류가 있다. 굴삭 중에 니수와 함께 올라오는 물질로부터 얻어지는 정보와 굴삭을 일시 중지하여 드릴파이프를 끌어올려 우물 속에 측정 장치를 내리는 것에 의해 얻어지는 정보이다. 전자에는 ① 지질(지층의 파편 또는 코어), ② 지층 속 유체의 성질, ③ 지층의 경도, 붕괴성이 있고, 다음에 측정 장치에 의해 얻어지는 정보로서는 ① 온도, 경사, 공극률, 물의 포화율, 함유 염분, ② 자연전위, 전기저항, ③ 밀도, 음의 속도, ④ 감마선의 방사량, ⑤ 압력, ⑥ 액체의 성질, 산출 능력을 들 수 있다. 이와 같은 많은 정보를 근거로 해저하의 상태를 알 수 있다.

2. 잠수기술

잠수란 인간 활동을 수중에서 가능하게 하는 기술이다. 옛날부터 얕은 바다에서의 잠수는 널리 사용되고 있었지만, 근대기술로서 잠수가 사용된 것은 최근의 일이다. 불과 1960년 전까지는 수심 100m 잠수를 전혀 고려할 수 없었지만, 해양개발에 사용되기 때문에 그 기술은 진보하였고, 지금은 300m까지 잠수가 용이하게 되었다. 이처럼 해양개발은 잠수기술을 진보시켰지만, 한편 잠수가 진보했기 때문에 해양개발의 범위는 깊

〈표 3-4〉 잠수를 필요로 하는 작업

산업	작업의 종류
일반	해저 상태의 조사, 측량* 해저에 떨어진 물건의 조사, 인양* 해중 상태의 조사*
해양개발 일반	해저에 구조물을 건조하기 위한 조사, 측량 해중에 구조물을 건조, 혹은 점검, 정비한다. 해중에서 작동하는 기계의 운송, 점검
수산	해중, 해저 상태의 수산업으로서의 조사 해저로부터 조개, 해초를 채취한다. 그물을 치고 혹은 수리한다.
운수	배 밑바닥의 점검, 수리 침몰선의 조사, 인양 항만, 항로의 조사, 정비
광물 자원 개발	사상 광물의 조사 및 개발 석유 개발 장치의 설치를 위한 조사 석유 개발 장치의 점검, 수리*
토목	암벽, 교각 등 공사를 위한 조사, 측량 암벽, 교각 등의 공사, 혹은 점검, 정비* 해저의 지형을 수정한다.**

* 필요하면 사진 촬영, 텔레비전 촬영을 행한다.

** 필요하면 수중 폭파를 행하고, 혹은 수중 불도저, 준설기를 사용한다.

은 바다로까지 확대되었다. 이처럼 잠수야말로 새로운 해양개발을 적극적으로 진행하는 중요한 기술이다.

A. 잠수가 사용되는 작업

먼저 잠수가 어떤 작업에 사용되는가? 〈표 3-4〉를 보기 바란다. 이것은 각 산업으로부터 주요한 것을 골라낸 것이지만,

많은 산업에서 중요한 작업이 잠수에 의해 행해지고 있는 것을 알 수 있다. 예를 들면 정밀한 기계를 해저에 내려 사용하는 경우에는, 이 기계를 끊임없이 잠수에 의해 점검하는 것이 필요하다.

만약 고장이 발견되면, 잠수에 의해 이것을 수리할 수 있다. 앞으로는 해양개발에 고가의 기계가 많이 사용되기 때문에, 잠수의 필요성이 점점 강조될 것이다.

B. 종류

현재 행하고 있는 잠수를 공기를 호흡하는 방법에 의해 분류하면 다음과 같다.

(1) 맨몸 잠수

이것은 인류가 옛날부터 사용하고 있는 것으로, 폐에 들이마신 공기만을 사용하여 잠수하는 방법이다. 이 때문에 특별한 도구를 전혀 사용하지 않지만, 때로 간단한 마스크, 스노겔, 오리발 등을 사용한다. 잠수 시간은 짧아 보통은 1분 정도이고, 잠수의 깊이도 보통은 15m까지이다.

(2) 송기식 잠수

이것은 수면 위에서 공기를 호스로 보내고, 사람이 그것을 호흡하여 잠수하는 방법이다. 이것에는 헬멧을 사용하지만, 이 방법은 꽤 이전부터 사용하였다. 이 잠수에서는 잠수복을 입고, 특별한 구두를 신는다. 공기를 보내는 방법은 잠수의 깊이가 얕은 곳에서는 손으로 누르는 펌프를 사용하지만, 약간 깊어지면 공기 압축기가 사용된다. 헬멧은 상당히 무겁지만, 최근에는 가벼운 마스크도 사용되고 있다. 송기식 잠수의 결점은 항상 호스가 붙어 다니기 때문에, 행동에 제한을 받는 것이다.

(3) 자급식 잠수

이것은 고압 공기가 들어간 탱크를 가진 자급식 장치(스쿠버)를 사용하는 잠수이다. 이것에는 호스가 없기 때문에 수중 행동에 제한이 없고, 수중 작업 이외에 스포츠로도 사용된다. 그러나 탱크 용량에 한도가 있기 때문에 잠수 시간에 제한이 있다. 아쿠아랭크는 이것의 일종이다. 잠수에 필요한 용구는 공기 탱크, 마스크, 스노겔, 잠수복, 오리발, 수심계 등이다. 만약 용량 12ℓ의 탱크를 사용하면, 수심 10m에서는 50분, 30m에서는 25분 잠수할 수 있다.

(4) 인공 공기 사용의 잠수

자연의 공기는 높은 압력에서 인체에 해를 주기 때문에, 깊은 잠수에는 이것을 사용할 수가 없다. 그래서 깊은 잠수에는 인공 공기(헬륨을 주성분으로 한 것)가 사용된다. 이 기술은 최근에 매우 진보하여, 수백 미터 깊이까지 잠수할 수 있게 되었다.

C. 잠수에 있어 공기의 작용

자연의 공기　우리들은 육상에서 1기압의 자연 공기를 호흡하고 있는 동안은 안전하고, 어떤 문제도 일어나지 않기 때문에 공기의 존재를 거의 잊어버리고 일상생활을 하고 있다. 그러나 공기의 압력이 1기압이 아니면, 우리들은 큰 불편을 느끼게 된다. 높은 곳에서는 압력이 낮아져 공기가 엷어지기 때문에 숨 쉬기 어렵다. 반대로 물에 들어가면 깊이 10m마다 1기압씩 높아지기 때문에 지금과는 다른 것이 일어난다. 압력이 높아지면 공기는 인간의 편이 되지 않기 때문이다.

수심 40~50m에서 공기의 압력은 5~6기압이 된다. 이 압력으로 공기를 호흡하면, 사람은 술 취한 것과 똑같이 느끼게 된다. 더욱더 압력이 높아지면 현기증이 난 상태가 되어, 외부의 자극에 대해 반응이 늦어져 머리의 움직임도 둔해진다. 이것은 공기 중의 질소, 산소 및 이산화탄소의 영향으로 생각할 수 있다.

산소 사람은 1시간에 약 25.5ℓ(1기압 상태)의 산소가 필요하다. 공기 중 산소의 농도는 약 21%이다. 〈표 3-5〉에 나타났듯이, 사람에게 안전한 산소 농도는 17~36%이다. 이것보다 낮아도, 높아도 사람은 나쁜 영향을 받는다. 그리고 압력이 높아지면 안전한 산소의 농도는 낮아진다. 이것은 〈그림 3-6〉에 나타나고 있다. 이 그림은 사람에 대한 산소의 작용을 깊이와 산소 농도의 관계에서 나타내고 있다. 깊은 잠수에서는 산소의 농도를 상당히 낮게 해야 한다. 이와 같이 산소는 사람에 대해서 예상 이상으로 미묘한 작용을 한다.

이산화탄소(탄산가스) 사람에 대해서 매우 안전한 이산화탄소의 최고 농도는 0.8%이다. 그러나 3%까지는 이산화탄소의 영향이 적다. 이 이상의 농도가 되면 사람은 나쁜 영향을 받는다(표 3-6). 사람은 1시간당 22.6ℓ의 이산화탄소를 내뿜으며, 밀폐된 공간에서는 사람에게 영향을 준다. 허용 한도를 0.8%로 하면, 사람은 1시간당 30,000㎥의 공기가 필요하다.

이상과 같이 사람은 호흡하는 공기의 성분 및 압력에 매우

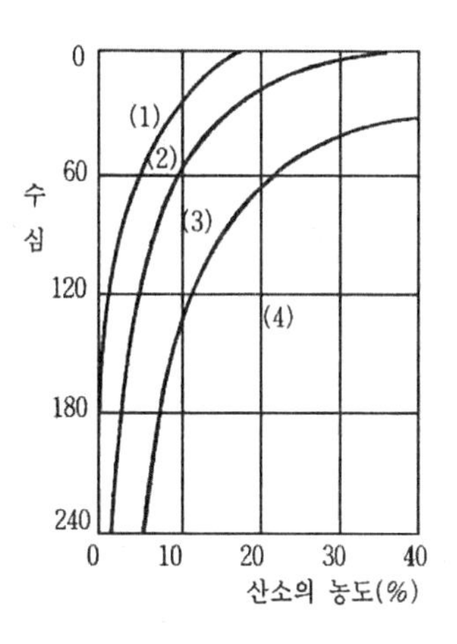

〈그림 3-6〉 산소의 작용

〈표 3-5〉 산소의 농도와 사람 상태 관계(1기압)

농도(%)	상태
11 이하	
11~15	의식 잃음
15~17	호흡곤란
17~36	안전
36~46	단시간 호흡의 한계
46 이상	중독 증상

민감하기 때문에, 잠수하는 경우에는 미리 공기의 성분과 압력을 고려하여 면밀한 계획을 세워 안전한 방법을 실행해야 한다.

공기의 용해작용 공기는 압력을 받으면 혈액에 녹는다. 사람이 오랫동안 잠수 상태에 있다가 갑자기 수면으로 부상하면, 녹아 있던 공기가 혈관 속에서 유리된 공기가 된다. 이 공기가

〈표 3-6〉 이산화탄소의 작용(1기압)

농도(%)	상태
3	호흡이 깊어진다.
4	두통, 어지러움, 귀울림, 정신 흥분
6	호흡수가 늘어난다.
8	호흡곤란
10	의식을 잃음

혈관 속을 흐르기 때문에 무서운 순환장애를 일으킨다. 이것을 방지하기 위해서는 잠수의 깊이와 시간에 따라서 도중에 쉬면서 시간을 들여 수면으로 올라와야 한다. 이처럼 하면 녹았던 공기가 모두 없어지기 때문에, 장시간의 잠수도 안전하다.

잠수에 의해 발생하는 병은 잠수병이라고 부른다. 잠수병의 대부분은 병의 작용에 의해 일어나는 것이고, 이미 설명한 것과 같이 각 종류의 중독이나 혈액의 순환장애 등이 있다. 잠수병은 올바른 잠수를 행하는 것에 의해 막을 수 있다. 올바른 잠수는 여러 가지 측면에서 연구된 안전한 기술에 근거하는 것이다. 잠수에 관한 사고를 막기 위해서, 수심 10m가 넘는 곳에서 잠수하는 경우에는 '잠수사' 자격이 필요하다. 이것은 잠수에 관해 필요한 지식과 기술을 가진 사람에게 주어진다.

인공의 공기　인간은 고압 상태에서 자연 공기를 호흡하면 여러 가지 중독 증상이 일어나기 때문에, 이것을 방지하기 위해 깊은 잠수에는 인공 공기가 사용된다. 이것은 헬륨을 주요한 성분으로 하는 것이 특색이다. 헬륨은 모든 원자 중에서 2번째로 가벼운 것이고, 타는 일이 없고 안전하다. 헬륨, 네온,

수소 및 질소의 4개의 가스에 대해서 조사해 보면, 인체에 대한 마취성은 헬륨이 가장 적다. 이 이유로 깊은 잠수에 사용하는 가스로서 헬륨이 가장 적합하다. 그러나 헬륨은 자연에 의존하는 양이 적고, 가격이 비싼 것이 결점이다.

인공 공기의 합성은 헬륨+질소+산소 또는 헬륨+산소이다. 현재는 이와 같은 공기가 잠수용으로 가장 안전하다. 이와 같은 헬륨은 잠수용 가스로 뛰어나지만, 2개의 결점이 있다. 그 하나는 헬륨은 공기의 6배나 열을 전달하기 쉽다. 그래서 헬륨을 사용하는 잠수에서는 인체의 보온에 특히 주의해야 한다. 예를 들면 해중 기지에 사용하는 경우에 그 온도를 약 30℃로 유지한다. 헬륨 속에서는, 이처럼 높은 온도에서 사람의 기분이 가장 좋아지기 때문이다. 2번째 결점은 헬륨 속에서 소리가 커지는 일이 있다는 것이다. 이 때문에 사람의 말소리가 증폭되어 무엇을 말하는지 알 수 없게 된다. 이때는 음성 수정기를 사용하여, 헬륨 속 사람의 소리를 듣기 쉽도록 수정한다.

D. 포화 잠수

사람이 높은 압력 아래에서 잠수하면 공기가 혈액에 용해된다. 공기의 용해는 잠수가 깊어질수록, 잠수 시간이 길어질수록 많아지기 때문에, 그것을 완전히 제거하기 위해서는 부상하는 시간을 깊이, 길이에 따라서 길게 한다. 예를 들면 깊이 60m에서 3시간 잠수하면, 부상하는 시간을 11시간으로 한다. 또 같은 깊이에서 4시간 잠수하면 부상 시간을 14시간으로 해야 한다. 더욱더 깊은 100m에서 3시간 잠수하면 부상 시간을 19시간으로 길게 한다. 이처럼 잠수할 때마다 긴 시간을 취하기 때문에 일의 능률이 매우 나빠진다.

어떤 일정한 압력 아래에서 사람에게 용해되는 질소의 양은 한계에 달하면 그 이후에 시간을 길게 하여도 공기의 용해량이 늘어나지 않는다. 한계점에서 공기는 인체에 포화 상태로 용해된다. 사람은 이 상태에서 1기압 상태와 똑같은 생활을 할 수가 있다. 일정한 압력에서 인체에 공기를 포화 상태로 용해해 잠수하는 것을 포화 잠수라고 한다.

포화 잠수에서 사람은 일정 시간 잠수하면, 그 후는 같은 압력에서 휴양, 혹은 잠을 자고, 그리고 또 잠수하는 것을 반복한다. 물론 휴양 등은 공기로 채워진 건조된 방에서 행한다. 해중 거주는 이처럼 행해진다. 마지막으로 작업이 전부 끝나면 긴 시간을 들여 1기압으로 돌아온다. 과거의 예에서는 깊이 60m에서 11일간 거주한 후에 1기압으로 돌아오는 시간은 2일과 7시간이었다. 이처럼 포화 잠수의 기술이 발달했기 때문에, 깊은 바다에서 잠수 작업이 용이하게 되었다.

E. 해중 거주

〈세계의 해중 거주〉 해양개발에서는 인간이 바닷속에서 오랜 시간에 걸쳐 작업할 필요성이 자주 생긴다. 이 때문에 해중에 작업기지를 만들고, 사람이 그곳에서 거주하며, 필요에 따라서는 그곳에서 나와 물속에서 작업한다. 보통의 잠수에서는 이와 같은 것을 할 수 없었지만, 포화 잠수 기술이 확립되고 나서 이것이 가능하게 되었다. 포화 잠수는 미국에서 1957년부터 연구되어 이윽고 성공했다.

해중 거주의 시작은 프랑스의 대륙봉 개발 계획으로서, 제1

회는 1962년에 행해졌다. 이때는 수심 10m에서 두 사람이 8일간 거주했다. 제2회는 1964년에 수심 25m에서 두 사람이 7일간 거주했다. 이상으로 얕은 곳에서의 실험이 완료됐고, 1965년에는 제3회가 행해졌다. 이때는 수심 100m에서 30일간 거주하는 데에 성공했다.

미국에서도 많은 실험이 행해졌다. 그 하나로 시라브 계획의 해중 거주 실험이 있다. 제1회는 1964년에 행해졌으며, 4인이 수심 60m에서 11일간 거주했다. 제2회는 1965년에 행해졌으며, 수심 62m에서 10인씩 3조가 15일씩 거주했다. 이때 본래 우주비행사가 잠수사로 참가했지만, 그는 "바다는 우주보다 무섭다"라는 감상을 말했다. 압력에 대해서만 말하면, 우주에서는 수 기압 이상이라는 높은 압력에 몸이 직접 놓이기 때문에 즐겁지 않다. 바다는 우주에 비하면 가까운 곳에 있기 때문에, 해중에서의 작업이 간단할 것같이 생각되지만, 사람에 대한 환경은 바다 쪽이 어렵다.

미국에서는 그 밖에 많은 해중 거주 실험이 행해졌고, 1970년에는 수심 156m에서 행해졌다. 그 외의 국가로는 영국, 독일, 폴란드, 러시아 등에서 해중 거주 실험이 행해졌다.

〈일본의 해중 거주〉 일본에서 해중 거주(해중 작업기지)의 구체적인 준비가 시작된 것은 1969년이다. 수심 100m에서 4인이 1개월 거주할 수 있는 장치가 만들어진 것이 1971년이었다. 이 계획은 시토피아로 이름 지어졌다. 그리고 예비실험 후에 제1회 본격적인 실험이 1972년 Izu 반도 서쪽, 수심 30m에서 행해졌고, 제2회 실험이 1973년에 수심 53m에서 행해졌다. 이 종류의 실험은 앞으로 수심 100m에서 행해지도록 예정

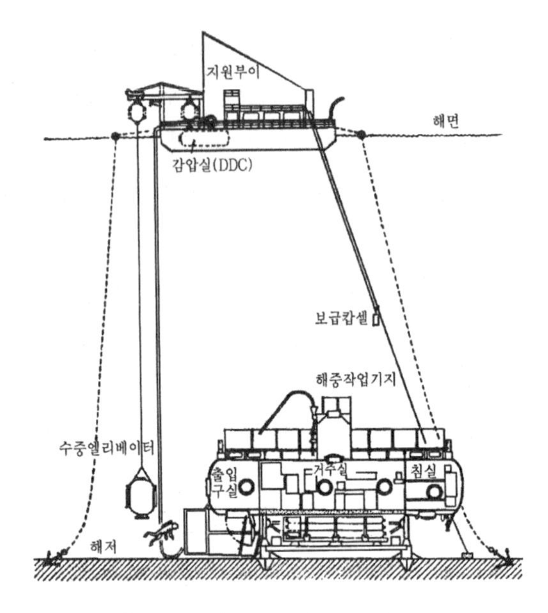

〈그림 3-7〉 해중 거주 장치

되어 있다.

해중 거주 장치를 나타낸 것이 〈그림 3-7〉이다. 먼저 해면 위에 지원 부이가 있다. 이것은 상자 모양의 배로, 해중 작업기지에 대한 해상의 기지이고, 해저에 대한 모든 연락, 공기, 물, 전력, 기타 필요한 물자를 보급한다. 다음에 사람을 실어 나르기 위해 수중 엘리베이터가 해면과 해저 사이를 상하 이동한다. 해저에 있는 것은 해중 작업기지로 해중 거주 중에서 가장 중요한 시설이다.

해중 작업기지의 중요한 부분은 수평의 원통으로, 이것은 길이 10.8m, 지름 2.3m이고, 12기압에 견딘다. 100m의 해저에서 4인이 30일간 생활할 수 있도록 설계되어 있고, 안은 침실,

거주실 및 출입구실로 이용되고 있다. 여기서 잠수사가 생활하는 경우에는 마스크 등을 사용하지 않고 행동은 자유이다. 해중에서 작업하는 경우에는 잠수복, 마스크 등을 쓰고 작업기지에서 해중으로 나온다.

이 속의 생활이 지상과 크게 다른 것은 압력이 11기압인 것 및 헬륨을 주성분으로 하는 인공 공기를 호흡하는 것 두 가지 점이다. 또 여기서 사용하는 공기의 성분(수심 100m의 경우)은 헬륨 86.8%, 질소 10.4%, 산소 2.8%로 되어 있다. 헬륨 속에서는 추위를 느끼기 쉽다. 그래서 작업기지 내의 온도를 30℃로 높이도록 전기히터를 충분히 사용하고, 또 잘 때는 전기모포를 사용한다. 작업기지 내의 온도 조절은 자동으로 행해진다. 또 11기압의 높은 압력에서 물이 끓는 것은 180℃의 높은 온도이기 때문에, 특수한 물 끓이는 도구를 사용하여 100℃ 이상이 되지 않도록 하여 위험을 막는다.

해중에서 생활하기 위해 필요한 공기의 원료는 작업기지 하부에 있는 가스봄베 속에 저장되어 있다. 해중기지에서 가장 중요한 것은 공기의 압력과 성분을 일정하게 유지하는 것이다. 이것은 가스 컨트롤 장치에 의해 자동으로 행해진다. 만약 압력이 내려가면 봄베에서 헬륨이 나와서 압력을 높인다. 만약 산소 농도가 낮아지면 봄베에서 산소가 나와 농도를 높인다. 또 호흡 때문에 발생하는 이산화탄소는 흡수제에 의해 제거되며, 온도가 너무 높아지지 않도록 수분이 제거된다. 자동장치가 고장인 경우에 대비하여, 별도로 인공 공기가 봄베에 들어 있고, 어느 때라도 호흡할 수 있게 되어 있다.

이처럼 작업기지 내에서 안전하게 생활할 수 있도록 최대한으로 안전 장치가 설치되어 있다. 그리고 지원 부이에는 항상 10인 이상의 사람이 해중 작업기지 내외의 안전을 감시하고 있다. 예를 들면 감시용 텔레비전이 기지 내에 3개, 밖에 1개 있고, 해중 사람의 상태를 해상에서 알 수 있게 되어 있다. 또 유선전화 이외에 무선전화도 있어 해상과 해중의 연락은 항상 유지된다. 이와 같은 장치, 기술을 사용하는 것에 의해 해중에서의 긴 시간 작업이 가능하게 된다.

3. 작업대에 관한 기술

사람이 바다에서 무엇인가 일을 하려고 할 때는 발판이 될 장소가 필요하다. 이것이 작업대(Platform)이다. 해면 위에 설치한 작업대를 사용하면, 육지로부터 수십 킬로미터나 떨어진 해양에서도 육상과 그다지 다르지 않은 상태에서 일할 수 있다. 좁은 면적에 특별한 기능을 가진 장치를 집중하여 설치하고, 또한 강한 풍파에 견디는 구조로 만들어져 있는 작업대는 해양개발의 독특한 것이다. 해상 작업대 위에서 작업하는 사람에게는 특별한 자격이 필요하지 않다. 그래서 육상의 유능한 기술자가 자유롭게 해상에서 일을 할 수가 있다. 이것은 해양개발 산업을 육상의 산업과 겨룰 수 있게 했다. 이 이유로 해양에서 사용되는 작업대는 중요한 의의를 갖고 있다.

작업대에는 고정식과 이동식의 2종류가 있다.

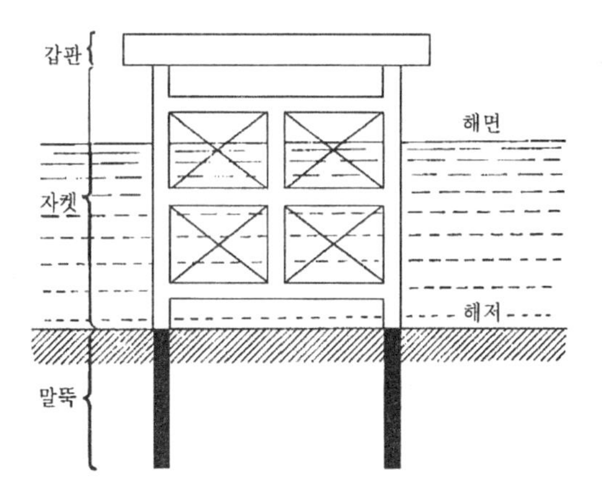

〈그림 3-8〉 고정식 작업대

A. 고정식 작업대

해안으로부터 돌출한 잔교는 작업대의 일종이라고 말할 수 있다. 그러나 잔교는 해안에 가깝고 바다도 얕기 때문에, 이것에는 특별한 기술이 필요하지 않다. 해안으로부터 멀리 떨어진 작업대는 기상, 해상의 영향을 크게 받기 쉽기 때문에, 특별한 기술을 필요로 한다.

작업대 중 해안에 가까운 것을 빼면, 육지에서 볼 수 없는 해양에 처음 건설된 것은 1947년의 일이었다. 이것은 미국 루이지애나의 앞바다에서 17㎞가 되는 장소로 수심은 불과 5.5m였다. 이 작업대의 목적은 석유 개발이었고, 이후에 전 세계에 다수의 석유 개발용 작업대가 건설되었다.

〈작업대의 구조〉 수심 10m보다 깊은 장소에서 사용되는 작업대의 구조는 이전에는 많은 종류가 있었지만, 현재에는 거의 통일되었다. 그 대표적인 것이 〈그림 3-8〉이다.

이것은 3개의 부분으로 만들어져 있고, 제일 위는 갑판으로 평면으로 되어 있다. 여기가 작업하는 장소이고, 사용되는 기계류는 여기에 설치되어 있다. 작업대의 종류에 따라서 갑판 부분은 2층 또는 3층으로 되어 있고, 때로는 수십 명이 묵을 수 있는 거주설비가 설치되어 있다. 재킷은 해저에 설치되며 해면 위까지 돌출해 있고, 그 제일 위에 갑판을 설치한다. 재킷이란 강철재를 조합한 것이고, 육상에서 모두 조립되어 만들어진 것을 배로 현장까지 운반하여 해중에 설치된다. 말뚝은 재킷을 해저에 고정하기 위한 것으로 강철 파이프 또는 강재를 사용한다. 건설 순서는, 먼저 재킷을 부착하고, 다음에 말뚝을 박고, 마지막으로 크레인으로 갑판을 재킷 위에 올려놓는다. 작업대 전체가 강한 파에 견딜 수 있도록 충분히 강한 구조를 가지고 있다.

〈일본의 고정식 작업대〉 일본에서 사용하고 있는 작업대는 동해에 면한 Niigata현 Zoetsu시 가까이 Kubiki 유전에 건설되었다. 여기서는 〈표 3-7〉에 나타난 것과 같이 4개의 작업대(플랫폼)가 있고, 그 외관은 〈그림 3-9〉와 같다.

일본의 해양개발 역사는 짧지만, 〈표 3-7〉은 작업대의 세계 경향을 상당히 잘 나타내고 있다. 즉 플랫폼을 지지하는 다리의 수는 점차로 적어지고 있지만, 갑판의 면적 및 재료 중량은 증가하고 있다. 바다에 건설된 이런 종류의 작업대는, 일본에서 최초의 것이고, 일본의 해양개발에서 귀중한 존재이다. 앞으로는 이런 종류의 작업대가 많이 건설될 것이다. 현재 계획되고 있는 것은 Niigata현 Agano강의 하구 가까이에 있는 것으로, 이곳은 수심이 50~70m이기 때문에 〈표 3-7〉의 것과 비교하

〈표 3-7〉 일본의 고정식 작업대

번호	1	2	3	4
건조 연월	1961.12	1963.8	1967.8	1968.8
해안으로부터의 거리(m)	288	1,170	2,290	1,710
수심(m)	6	15	25	20
갑판 넓이(m)	22×18	26×23	26×23	34×22
다리 수	16	12	12	6
건설재료 중량(t)	707	660	960	758
설계 기준				
최대 파고(m)	9	11	14	14
파의 주기(sec)	14	14	14	14
파장(m)	166	166	166	166
최대 풍속(m/s)	54	54	54	54
적재 중량(t)	298	539	895	853
거주설비	없다	있다	있다	있다

* 주: 제3호는 제거되었다.

여 상당히 대형이다.

〈문제점〉 일반적으로 고정식 작업대를 설계하는 경우에 다음의 것이 문제가 된다. 즉 바람의 작용, 조류의 작용, 깊이의 영향, 온도의 영향, (추운 곳에서) 얼음의 작용, 재료의 부식 방지 등이다. 그리고 이들은 특히 기후가 나쁜 경우 또는 바다가 깊은 경우에 곤란한 문제로서 기술자를 괴롭힌다. 이런 기술적인 문제는 현재는 거의 해결되었기 때문에, 어떤 깊은 바다에서도, 또 어떤 기후가 나쁜 장소에서도 목적에 적합한 작업대를 건설하는 것이 가능하다. 그러나 바다가 깊어짐에 따라서 작업대가 커지고, 그 때문에 전체 비용이 많아지는 것이 문제

〈그림 3-9〉 해상 작업대

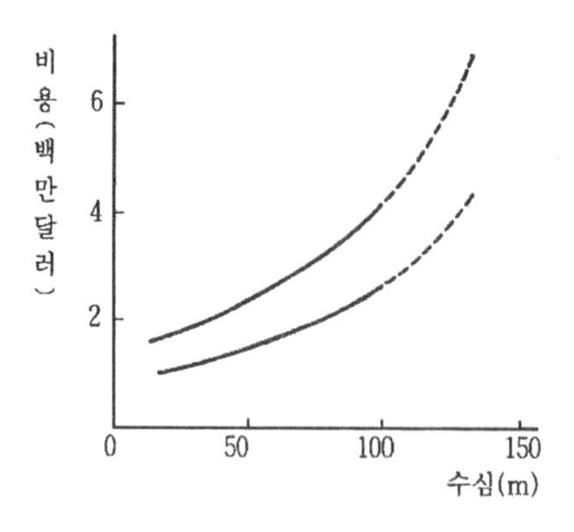

〈그림 3-10〉 고정식 작업대의 비용

〈표 3-8〉 북해의 작업대

갑판의 넓이	(m)	56.5×53.4
재킷 높이	(m)	145
크기(상단)	(m)	41.2×36.6
크기(하단)	(m)	83.5×71.3
설계 기준		
최대 파고	(m)	28.6
최대 풍속	(m/s)	58
최대 수평하중	(t)	10,000
최대 수직하중	(t)	16,000

이다. 이것에 대해 나타낸 것이 〈그림 3-10〉이다.

이 그림은 미국의 멕시코만에 있는 8개 다리의 작업대 전체(재료 혹은 건설) 비용과 바다의 깊이 관계를 표시한 것이다. 멕시코만에는 고정식 작업대 수가 많기 때문에, 비용의 경향을 상당히 정확하게 알 수가 있다. 이 그림의 2개의 선은 비용의 상한과 하한을 나타낸 것이다. 장소마다 자연의 조건이 다르기 때문에, 어느 정도의 폭이 있는 것은 할 수 없다. 그것에 수심 100m 이상의 예가 없기 때문에 파선으로 나타내고 있다. 이 그림에 의하면 바다가 깊어짐에 따라 비용이 더 들며, 수심 100m의 작업대는 수심 30m 경우의 약 2배다. 그리고 깊이와 함께 비용의 상승률이 더욱 크다. 이처럼 바다가 깊어지면 경제적인 문제가 급격히 커진다. 이것이 해양개발을 하는 사람에게는 큰 괴로움의 씨앗이다(단 재료상에게는 큰 기쁨이다).

〈북해의 고정식 작업대〉 바다에 대한 적극적인 투쟁의 예로서, 세계 최대의 고정식 작업대에 관해서 설명한다. 이것은 북해의 휘티즈 유전에 건설된 것이다. 이 유전은 영국 해안으로부터 약 160㎞ 떨어진 중앙에 있고, 수심은 106~128m이다. 이 작업대의 크기 등은 〈표 3-8〉에 나타내고 있다.

먼저 갑판의 면적은 약 3,000㎡이고, 이 위에 100인의 거주설비가 만들어져 있는 것이 특색이다. 해안으로부터 멀리 떨어져 있기 때문에 작업은 모두 자면서 행해졌다. 100인이 머무르기 위해서는 부대설비도 상당히 커진다. 그리고 작업을 하기 위한 각 종류의 기계류가 갑판에 설비되어 있다. 주요한 것은 디젤엔진, 발전기, 펌프류, 굴삭 장치, 각 종류의 탱크류, 통신장치 등이다.

다음으로 재킷이지만, 이 장소의 수심은 127m이기 때문에 그 높이는 147m에 달한다. 구조는 4개의 다리를 아래로 넓게 벌린 형으로 되어 있다. 북해는 겨울에는 기후가 나쁘기 때문에 충분히 안전을 고려하여 설계되었다.

이 표에 기록되어 있는 수평하중은 바람과 파에 의해 일어나는 것이다. 수직하중이란 작업대 위에 있는 각 종류의 장치의 무게 및 작업에 의해 발생하는 하중이다.

갑판	7,500t
재킷	17,000
말뚝	16,000
탱크	7,500
합계	48,000

재킷은 육상에서 조립하여 현장까지 운반된다. 이렇게 큰 것은 배에 실을 수 없기 때문에, 특별한 방법이 취해진다. 지름 9.1m, 길이 145m의 강판으로 만든 원통에 재킷을 고정하여, 원통의 부력을 이용해 바다에 띄워, 훨씬 먼바다까지 배로 잡아끌고 간다. 이 작업대를 건설하는 데 필요한 강철은 위와 같다.

갑판에 설치되어 있는 굴삭 장치 중에서 가장 눈에 띄는 것은 높이가 43m나 되는 굴삭대이다. 그래서 전체가 갑판 위에 설치된 상태에서 그 상단은 해저로부터 210m 높이가 된다. 단지 작업대만으로도 해양에서 작업하는 데는 이처럼 큰 장치가 된다. 이상은 현재 개발 중인 북해에서 가장 깊은 장소에 건설된 고정식 작업대이다. 북해의 전부가 이처럼 깊은 것이 아니라, 지금까지 개발된 것은 수심 30~80m의 장소가 가장 많다.

〈그림 3-10〉에 나타낸 건설비는 멕시코만에 관한 것이다. 북해는 멕시코만보다 기후가 훨씬 나쁘기 때문에 건설비는 이것보다 많다. 그 이유는 북해에서는 (1) 파도가 높기 때문에 강한 구조로 해야 하며, (2) 춥기 때문에 특수한 강철을 사용해야 하고, (3) 기후가 나쁘기 때문에 건설공사에 시간이 걸리는 것 등이다.

일반적으로 작업대가 건설 전체 비용에서 차지하는 재료비는 수심 60m까지 50% 또는 그 이하지만, 이것보다 깊어지면 60~70%에 달한다. 그 이유는 바다가 깊어지면 안전 확보를 위하여 전체 구조를 크게 해야 하기 때문인데, 이것이 전체 건설비가 갑자기 많아지는 원인이 된다.

앞으로의 작업대에는 콘크리트를 사용하는 것도 생각할 수 있다. 콘크리트 구조는 강철을 사용하는 경우와 다르기 때문에, 새로운 연구 테마가 되겠다.

B. 이동식 작업대

종류 해양의 특정 장소에 관한 작업이 그 정도로 길어지지 않고, 예를 들면 3개월로 끝나는 일이 있다. 이와 같은 작업에

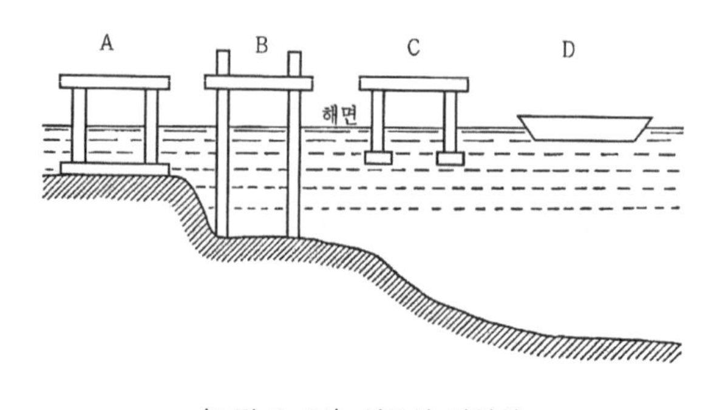

〈그림 3-11〉 이동식 작업대

대해 고정식 작업대를 사용하면 비경제적이다. 이 경우에는 이동식 작업대가 사용되며, 어떤 장소의 작업이 끝나면 다음 장소로 이동하여 작업을 행한다. 작업에 큰 장치를 사용하는 경우에는 그 장치를 작업대에 올려놓고 그대로 이동할 수 있기 때문에, 육상에서의 작업보다 편리하다. 이동식 작업대의 형은 작업이 행해지는 깊이에 따라 상당히 다르다. 이것은 〈그림 3-11〉에 있는 것처럼 (1) 착저식, (2) 재킷식, (3) 반잠수식, (4) 배 등의 4종류를 사용하고 있다.

〈착저식〉(〈그림 3-11〉의 A)　이 장치는 보통 수심 10~20m까지의 얕은 곳에서 사용한다. 이것은 전체가 해면 위에 떠서 목적 장소로 이동하고, 다음에 장치 내(아래의 부분)에 물을 넣어 가라앉혀 착저한다. 이 상태로 작업을 행하고, 그것이 끝나면 장치 내에 공기를 넣어 물을 내보내서 부상한 뒤에 다음 장소로 이동한다. 이것은 다른 종류에 비하면 구조가 간단하기 때문에 얕은 바다에서 손쉽게 사용한다. 그러나 얕은 바다에서밖에 사용할 수 없다는 이유로, 세계적으로 사용하고 있는 나라는 미국뿐이다.

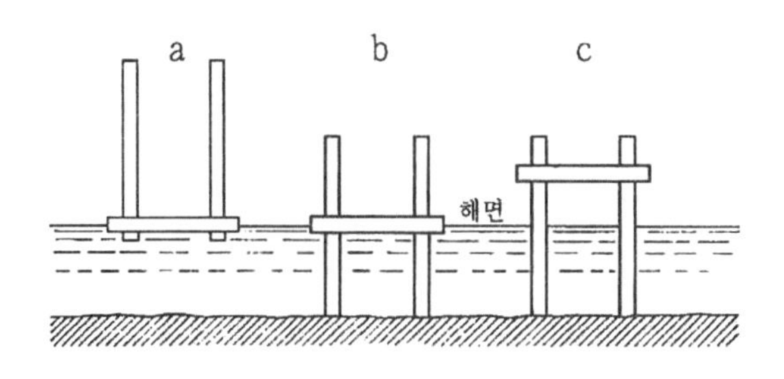

〈그림 3-12〉 Jack Up식 작업대

〈Jack Up식〉(〈그림 3-11〉의 B) 수심 10m 이상의 장소에서 사용할 수 있는 장치로서 Jack Up식이 있다. 이것의 사용 방법을 나타낸 것이 〈그림 3-12〉이다. 먼저 이동하는 경우에는 a와 같이 선체가 해면 위에 떠서 예인선(Tugboat)에 의해 예항한다. 목적 장소에 도착하면 b처럼 다리를 해저에 내린다. 다음에는 c와 같이 선체를 해면 위로 끌어올린다. 끌어올려진 높이는, 파가 선체 아래쪽에 미치지 않는 높이로 한다. 이처럼 파의 영향이 선체에 미치지 않는 상태에서 작업이 행해진다.

이 형식의 장치는 1954년부터 미국에서 사용되기 시작하여, 현재는 세계의 수심 10~60m의 해양에서 많이 사용되고 있다. 큰 작업대가 되면 선체의 중량은 2,000~4,000톤이 되기도 하므로 선체의 승강 장치에는 높은 기술이 필요하다. 선체를 승강시키는 방법에는 Hydro Jack을 사용하는 것, 또는 비니온과 락(모터 사용)을 사용하는 경우가 있다.

Jack Up식에는 종류가 많고, 다리의 수가 3개에서 10개까지 있으며 선체의 형에도 종류가 많다. 석유 개발용으로 일본에서 건조된 것은 1958년에 'HAKURYU호'가 있고, 1968년에는 'FUJI'가 있다. 'HAKURYU호'(〈그림 3-13〉 참조)는 Jack

〈그림 3-13〉 'HAKURYU'호

Up식의 표준적인 구조를 하고 있다. 이것은 10년간이나 동해에서 사용되었고, 현재도 외국에서 활약 중이다. 'FUJI'는 일본의 회사가 수년간 사용한 후 중국에 팔았다. 일본에서 토목용 Jack Up식으로 최초로 건조된 것은 1969년으로, 이것은 'KAIYOU'로 이름 붙여졌다(그림 3-14). 이것은 해저 굴삭, 해중 말뚝박기, 교각 공사 등에 사용된다. 앞으로 이런 것이 해양토목에 있어서 많이 사용될 것이다.

이 장치의 사용에서는 해저 토질이 문제가 된다. 즉 해저가 매우 연약한 경우에는 다리가 지반 속으로 들어가 뺄 수 없게 되며, 선체가 기우는 일이 있다. 따라서 이 장치를 사용하는 장소의 해저 토질을 미리 충분히 조사하는 것이 필요하다.

해저가 모래인 경우에는 선체가 기울고, 마침내 전체가 바닷속으로 가라앉은 예가 있다. 그래서 조류가 빠르고 해저가 모래지반인 장소에서는 이 점에 주의해야 한다. 또 수심 20m 이내

〈그림 3-14〉 'KAIYOU'

의 얕은 곳에서는 큰 파랑의 작용을 받아서 지금의 설명과 똑같이 해저가 파일 수 있다. 그래서 이 장치의 사용 중 특히 폭풍의 뒤에는, 항상 해저 지반과 다리의 상태 관계를 조사한다.

〈반잠수식〉(〈그림 3-11〉의 C)　수심 30~200m 정도의 해양에서 사용할 수 있는 작업대로서 반잠수식이 있다. Jack Up식에서는 다리 길이에 제한이 있기 때문에, 사용할 수 있는 수심에도 한도가 있다. 수심의 영향을 그 정도로 받지 않는 장치로서 반잠수식을 최근에 사용할 수 있게 되었다. 이것은 이동할 때는 전체가 해면 위로 떠오르고, 작업할 때는 〈그림 3-11〉의 C와 같이 반이 가라앉는다. 해면에 떠올라 있는 경우에는 파랑 때문에 작업대 전체가 수평 및 수직으로 동요하여 작업에 방해가 된다. 반이 가라앉은 상태에서 파랑은 단면이 원형 기둥에 부딪힐 뿐이기 때문에, 작업대의 동요는 약하다. 그래서 이 상태에서는 파랑이 상당히 커도 작업을 행하는 것이 가능하다.

반잠수식의 대표적인 형태는 〈그림 3-15〉에서 알 수 있다. 일반적으로 이 장치는 8~12개의 닻에 의해 고정된다. 닻과 본

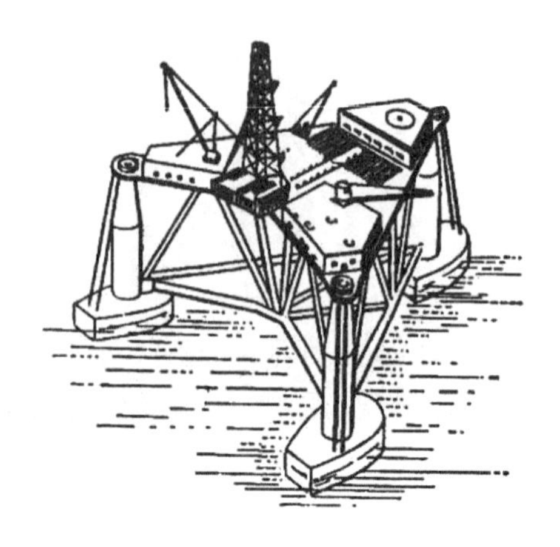

〈그림 3-15〉 반잠수식 작업대

체를 접속하는 체인 또는 와이어의 길이에 의해, 이 장치를 사용할 수 있는 수심이 정해진다. 체인 또는 와이어가 길어지면, 그것을 감는 윈치가 커진다. 그래서 사용할 수 있는 수심은 윈치의 능력에 의해 정해진다고 말해도 된다. 현재 사용하고 있는 반잠수식의 능력은 수심 200m의 것이 많지만, 큰 윈치만 설치하면 더욱더 깊은 바다에서 사용할 수 있다. 그러나 바다가 깊어지면, 닻의 설치에 긴 시간이 걸리는 등 손이 많이 가서 일의 능률이 떨어진다. 그래서 닻을 사용하지 않고 배를 한 곳에 고정하는 방법(Dynamic Position)이 연구되고 있다.

반잠수식 장치는 1957년 이래 미국에서 사용하고 있다. 일본에서는 외국의 주문으로 1965년 이래 여러 대를 건조하여 수출했다. 일본 자체의 설계로 건조한 것은 1971년의 일이고, 이것은 '제2 HAKURYU'로 이름 붙여져 동해에서 사용되고 있다.

〈배〉(〈그림 3-11〉의 D)　이동식 작업대 중에서 이동력이 가장 큰 것은 배이다. 이것은 배를 부분적으로 개조하여 작업에 적합한 성능을 가지게 한 것이다. 배는 이동력이 크기 때문에 먼 장소에 가는 것이 용이하고, 또 안전성이 높은 점에 있어서 뛰어나다. 배는 원래 바다에 뜨도록 만들어져 있기 때문에 파나 바람에 대해서 충분히 안전하다. 다른 3종류의 작업대는 작업 중심으로 만들어져 악천후에서의 이동, 착저, 선체 인양 등에 충분한 주의가 필요하다.

배의 최대 결점은 파 때문에 선체가 동요하는 것이다. 이것은 배가 파의 영향을 받기 쉬운 구조로 되어 있고, 전체가 해면 위에 떠 있기 때문에 어쩔 수 없다. 작업 종류에 따라서 배의 동요는 작업을 불가능하게 한다. 이와 같은 작업은 악천후일 때는 행하지 않고, 작업능률이 매우 낮아진다. 그래서 작업의 종류, 작업 장소의 기상, 해상 조건에 의해 배를 작업대로 사용하는 것이 불가능해진다. 이 결점을 없애려면 배에 대한 파의 작용을 가능한 한 작게 해야 한다. 그것은 배의 폭을 가능한 한 넓게 하는 것이다. 다른 방법은 2척의 배를 늘어놓아 접속하여 쌍동선으로 하고, 2척의 배 사이를 작업대로 사용하는 것이다. 이상과 같은 배가 작업대로서 외국에서 사용되고 있다.

배를 사용하는 작업의 예로서 해저전선의 부설, 파이프라인의 부설, 석유 굴삭, 해저의 준설, 말뚝박기, 데릭에 의한 작업 등이 있다. 또 배의 형태를 하고 있어도 스스로 항해하는 능력이 없는 것은 바지(Barge)라고 부른다. 위의 작업에는 바지가 사용되는 일도 많다.

'제2 HAKURYU' 지금까지 이동식 작업대의 일반론을 설명

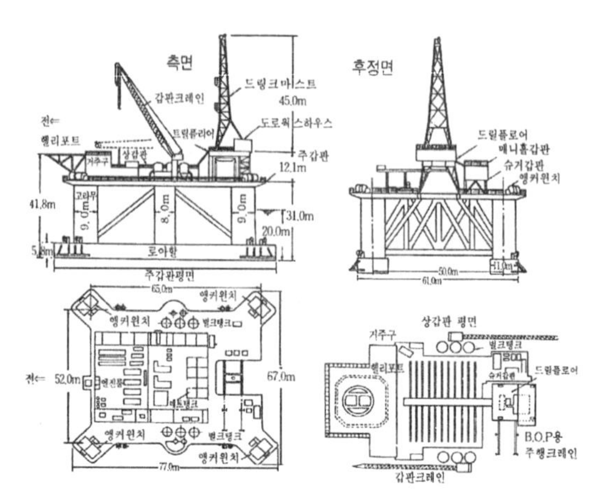

〈그림 3-16〉 '제2 HAKURYU'

했지만, 여기에 구체적인 예를 설명하자. 그것은 반잠수식으로서 세계 최고의 성능을 가진 '제2 HAKURYU'에 관해서이다. 이것은 석유 개발을 목적으로 하여 가장 앞선 기술을 채용하고, 일본인에 의해 설계, 건조된 것이다. 이것은 새로운 해양개발 전체로 보아도 가장 고성능을 가지고, 또 가장 거대한 종류에 속한다.

'제2 HAKURYU'의 전체 구조는 〈그림 3-16〉에서 알 수 있다. 위에서 보면 직사각형에 가까운 형태를 하고 있고, 제일 아래(로아할) 부분이 가장 크다. 길이는 84m, 폭은 61m이다. 제일 아래에서 발판(독린마스트) 상단까지의 높이는 88m이다. 한쪽 로아할 위에 지름 8m의 기둥 1개와 지름 9m의 기둥 2개가 있고, 반대쪽에도 같은 수의 기둥이 있기 때문에 총 6개가 된다. 이것은 주갑판을 지지하고 있다. 이 위에는 상갑판, 거주구 및 발판(독린마스트)이 있다. 이 장치의 배수톤수(만재 시)는

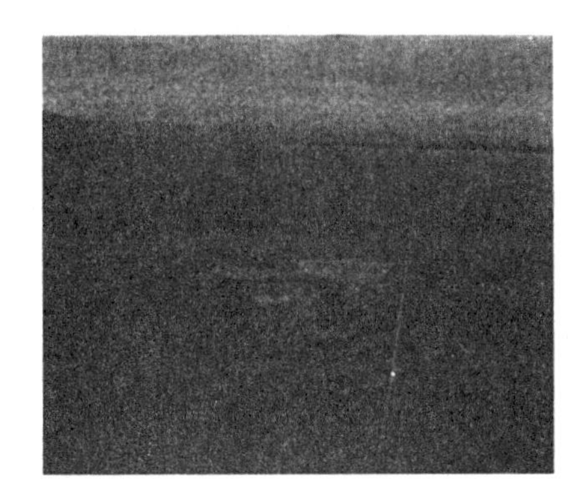

〈그림 3-17〉 하늘에서 본 '제2 HAKURYU'

〈그림 3-18〉 바다에서 본 '제2 HAKURYU'

16,500톤이다.

나는 동해에서 작업 중인 '제2 HAKURYU'를 방문했다. 해안 가까이에서 헬리콥터를 타고, 흐리고 조금 바람이 강한 하늘을 날아 먼바다로 향했다. 처음엔 점과 같이 보인 이 장치는 점점 커져 눈앞에 나타났다(그림 3-17). 이 경사 위에 헬리콥터가 다가가 조용히 헬리포트에 안착했다. 배에서 본 '제2 HAKURYU'가 〈그림 3-18〉이다.

헬리포트의 크기는 약 25×25m이고, 이 종류의 것으로서는 상당히 크다고 생각했다. 나는 헬리포트에서 계단을 내려와 사무실로 향했다. 이것은 거주구 속에 있고, 이것에 이어서 무선실, 작업원실, 세면장, 식당, 요리실, 창고 등이 있었다. 거주구의 안을 안내받았는데 복도에는 주단이 깔려 있고, 각방 모두 밝고 근대적이었다. 전체 느낌은 큰 객선을 닮았다. 거주구 아래에는 발전용 디젤엔진이 있고, 그 진동이 전해왔다. 그러나 이것도 적응되면 신경 쓰일 정도는 아니었다. 내부는 완전한 공기 조절이 되고 있기 때문에 정말로 쾌적했다. 그래서 이 장치를 사용하면 세계의 어떤 더운 곳이든, 추운 곳이든 편하게 해양개발을 할 수 있다고 생각했다.

다음에 거주구 이외의 곳에 안내되었다. 거주구의 반대쪽은 우물의 굴삭 작업을 하는 장소였다. 여기에는 깊이 7,000m의 우물을 파는 장치가 설치되어 있었다. 작업 장소 중앙에는 로터리 테이블이 놓여 있고, 그 아래에서 해저를 향하여 굵은 가이드 파이프가 내려져 있다. 가이드 파이프의 수면에서 해저까지를 볼 수 있도록 이동식 텔레비전 장치가 있고, 수중 상태를 자유롭게 보면서 작업할 수 있게 되어 있다.

상판 갑판은 넓은 파이프치장(파이프락)으로 되어 있고, 여기에는 작업에 사용되는 각 종류의 파이프가 놓여 있다. 주갑판은 기계실로 되어 있다. 여기에는 1,700마력의 디젤엔진이 4대 있어, 큰 소리를 내면서 발전기를 돌리고 있고, 합계 5,400kW의 발전 능력이 있다. 여기에는 1,600마력의 큰 굴삭니수용 펌프가 2대 설치되어 있고, 공기압축기 기타의 기계류도 여기에 배치되어 있었다.

주갑판의(외측의) 4구석에는 2대씩 앵커윈치(〈그림 3-19〉 참조)

〈그림 3-19〉 앵커윈치

가 설치되어 있었다. 이 드럼은 지름 7.6㎝의 굵은 와이어를 1,400m나 감는 능력이 있었다. 그리고 8개의 닻은 1,000m 멀리에 놓였고, 어떤 강한 태풍에도 '제2 HAKURYU'가 이동하지 않도록 고정하고 있었다.

'제2 HAKURYU'의 안정성에 관해서는 다음과 같은 설명을 들었다. 로우할 및 6개 기둥의 용적은 매우 큰 것이지만, 이것은 이 장치의 안정성을 유지하기 위하여 중요한 역할을 다하고 있다. 즉 이 안을 몇 개로 구분하여 밸러스트 탱크로 만든 것이다. 이 장치가 부상하기도 하고, 적당한 깊이로 가라앉기도 하는 것은 모두 밸러스트 탱크 내의 물을 펌프로 출입시키고 있기 때문이다. 또 장치를 수평으로 유지하는 경우에는 밸러스트 탱크 내의 물을 가감한다.

그리고 이 장치 전체의 안정도를 조사하는 방이 있다. 여기에는 정확한 수준기가 있고, 장치의 작은 기울기도 알 수 있다. 만약 기울기가 한도를 넘으면 밸러스트 탱크 내의 물을 펌프로 이동하여 조절한다. 이 방에서는 파고, 조류의 속도, 물의 온도

〈그림 3-20〉 잠수 작업

등도 자동 기록되고 있다. 여기서는 라디오에서 정기적으로 방송되는 일본 주변의 기상 상황을 일기도에 기록하고, 작업 예정에 참고로 하고 있다. 또 바람의 속도, 방향 등은 무선실에서 자동 기록된다.

이 장치의 안정성에 관해 기록하면 굴삭 작업의 한계점은 이 장치가 다음의 어느 것에 도달했을 때이다.

① 연직 방향의 운동 1m

② 수평 방향의 동요 수심의 5%

③ 수평면으로부터의 기울기 2°

이 장치는 안정성이 높기 때문에 파고 6m, 풍속 매초 15m에 달하지 않으면 위의 값이 되지 않는다. 이 파고와 풍속이 될 때까지는 굴삭 작업이 가능하고, 동해에서도 이 이상이 되는 일수는 1년에 며칠 안 된다.

'제2 HAKURYU'에 관해서 위와 같은 설명을 듣고, 안을 안내받는 동안에 저녁때가 되었다. 밝은 느낌의 식당에서 식사했다. 밤에도 작업 등에 대해서 담당 기술자로부터 설명을 듣고, 그 후에는 객실에 배당된 방에 들어갔다. 파고가 1~1.5m였지만 잠자리에서 약간의 동요만을 느낄 정도로 엔진 소리도 들리지 않아서 잘 잘 수 있었다.

다음 날은 맑게 개어, 푸른 하늘을 향하여 아침 햇빛에 빛나는 산들을 볼 수 있었다. 굴삭 작업 기록을 조사하기도 하고, 잠수 작업(〈그림 3-20〉 참조)을 보기도 했다. 그리고 바다의 기분을 만끽하면서 육지로 돌아왔다. 나는 세계 최고의 해양개발 장치를 볼 수 있어서 만족했다.

4. 해수의 작용에 대한 기술

해양에 건설된 구조물에는 해수가 작용하며, 때로는 구조물을 파괴하고, 또 장시간에 걸쳐 손상을 준다. 그래서 구조물은 육상의 경우와 다르고, 험한 환경 아래에 놓인다. 해수의 작용은 물리적인 작용과 화학적인 작용으로 나누어진다.

A. 물리적인 작용

〈파와 조류〉 해수의 물리적 작용에서 첫 번째로 눈에 띄는 것이 파이며, 그다음은 조류이다. 큰 파는 구조물을 파괴하는 힘을 가진다. 수년 전에 일본의 대형 광석운반선이 태평양 한복판에서 폭풍우를 만나 침몰했다. 미국 멕시코만의 석유 생산지대에서는 수년에 1회 큰 허리케인에 습격을 당했고, 그때마다 해양구조물은 큰 피해를 받았다. 30억 엔이나 하는 대규모 이동식 작업대가 허리케인 때문에 침몰하여 행방불명된 예도 있다.

이처럼 큰 파는 파괴력을 가지기 때문에 무섭다. 그래서 설계를 할 때는 구조물이 충분한 강도를 가지게 하도록 한다. 이 경우 과거의 파에 관한 기록을 조사하고, 100년간에 일어난 최대의 파가 다시 밀려와도 안전하도록 설계한다. 이와 같은 목적을 위해서도 해양에서 관측을 항상 잘해놓아야 한다.

다음에 조류는 파에 비하면 파괴력이 거의 없으며, 구조물을 파괴하는 것은 특별한 장소를 빼고서는 없다. 특별한 예로는 추운 곳의 유빙이 있고, 또 조류가 빠르면 얼음이 강하게 구조물에 부딪혀 파괴하는 경우도 있다. 이것은 알래스카의 예이고, 여기서는 구조물을 충분히 강하게 설계한다.

해수 작용의 특별한 예로 해일이 있다. 이것은 해저지진이 원인이 되어 발생하는 것으로, 큰 경우에는 높이 수 m의 파고가 되어 해안에 내습하여 큰 피해를 준다. 칠레에서 일어난 해일 때문에 Iwate현의 해안에 큰 피해를 준 일이 있다. 이것을 방지하기 위해서는 해안에 제방을 쌓는 방법밖에는 없다.

〈다이내믹 포지셔닝〉 해수의 물리적 작용에 대한 특수 기술이 이동식 작업대에서 사용되고 있다. 그 하나는 파의 저항이 적은 원통으로 받기 때문에 반잠수식으로 하는 것이다. 다른 하나는 닻을 사용하지 않고 작업대를 일정 장소에 고정하는 것이다. 후자에 있어서는, 보통 8~12개의 닻 및 체인(또는 와이어로프)을 사용하여 장치를 고정한다. 그러나 200m를 넘는 수심에서는 작업대를 고정하는 데 매우 긴 시간이 걸려서 비경제적이다.

그래서 닻을 사용하지 않고, 그 대신에 파와 조류에 의해 작업대가 밀려 떠내려가는 것을 방지하기 위하여 일종의 스크류를 회전시킨다. 이것을 위해서는 해저로부터 초음파를 발산시켜 작업대에 설치한 2개의 수신 장치에서 이것을 수신한다. 작업대가 발신 장치 바로 위에 있을 때는 2개의 수신 장치에 동시에 음파가 도착한다. 그러나 위치가 바로 위에서 벗어나면 음파의 도착 시간이 각 수신 장치에 따라 다르다. 이 시간의 차이 및 별도로 관측하고 있는 파랑과 조류의 강도, 방향의 수치를 컴퓨터에 넣어서 작업대를 되돌리기 위해 필요한 힘을 계산하고, 그 결과를 스크류에 명령하여 이것을 회전시켜 작업대의 위치를 수정한다.

작업대가 원래 위치에 돌아오면 초음파 도착 시간이 일치하고 있기 때문에, 이번에는 스크류를 중지하는 명령을 낸다. 이상은 모두 자동으로 진행되는 것이며, 이것을 다이내믹 포지션이라고 한다. 이 방법은 외국의 석유 개발용 작업대 등에서 이미 사용하고 있다.

B. 화학적 작용

해수의 화학적 작용에서 가장 눈에 띄는 것은 금속, 특히 강철에 대한 부식이다. 강철은 육상에서도 부식하기 쉽지만 바다에서는 이 경향이 더 강하게 나타난다. 해수의 부식작용을 막는 방법은 다음과 같이 여러 가지가 고안되어 있다.

⑴ 내식성이 높은 재료를 사용한다

금속 중에서 구리, 알루미늄 또는 니켈 합금은 부식에 대해서 강한 성질을 가지고 있다. 이 때문에 바다에서는 이와 같은 금속이 비교적 많이 사용된다. 그러나 가격이 비싼 것과 강도 때문에 대규모 구조물을 이들 금속으로 만드는 것은 생각할 수 없고, 역시 강철이 많이 사용된다. 이 경우에는 다음과 같은 방법이 취해진다.

⑵ 도장

'페인트칠'이다. 이것은 가장 실용적이고, 널리 행해지고 있다. 해양에 적합한 페인트가 있고, 반복하여 몇 회 더 칠한다. 구조물의 종류에 따라서 제조 때에 칠하거나 영구히 추가하여 칠하지 않는 것도 있기 때문에 이 경우는 특히 공들여 칠한다. 부식은 해양개발에 수반되는 것이기 때문에, 이것을 방지하기 위하여 페인트가 없으면 해양개발은 불가능하다.

⑶ 내식 금속의 피막

이것은 '도금'이다. 비교적 작은 강철 부분이 도금되는 일이 있지만, 큰 구조물은 비용 관계로 도금하지 않는다.

⑷ 전기 방식

바다에서 부식이 일어나기 쉬운 원인은 해수의 염소 이온 및 공기의 산소가 금속에 작용하고 또 해수가 전기를 전달하기 쉬워 금속에 전기화학적으로 작용하기 때문이다. 이것을 역으로 이용한 것이 전기 방식이다. 강철보다 이온화하기 쉬운 금속(알루미늄, 아연 등)을 전극으로 해서 해수에 넣고, 전극의 금속 이온이 강철을 향하여 흐른다. 전극은 점차 가늘어지지만, 강철에는 부식작용이 전혀 일어나지 않는다. 이와 같은 전극을 희생 전극이라 한다. 전극을 때때로 교환하면 좋고, 페인트칠은 전혀 필요하지 않기 때문에 경제적이다. 단 이 방법은 해수에 항상 잠겨 있는 부분밖에 사용할 수 없다.

4장
해양의 이용

인류는 해양을 여러 가지 방법으로 이용해 왔다. 그리고 최근에는 지금까지와 다른 새로운 방향으로 이용하려고 한다. 그 중에서 특히 중요한 해양공간의 이용, 해양에너지의 이용 및 해수의 담수화에 관해서 설명한다.

1. 해양공간의 이용

A. 일반

〈해상수송〉　인류가 제일 먼저 해양공간을 이용한 것은 해상수송이다. 사람은 배를 바다에 띄워 목적지로 향하고, 또 물건을 날랐다. 현재는 대형 배를 사용하여 다량의 물자를 신속하게 나를 수 있다. 해상수송은 현대 문명을 쌓아 올리기 위하여 상상할 수 없을 정도로 큰 역할을 해왔고, 앞으로도 이것은 계속될 것이다. 이것에 관해서는 문제점이 많이 있지만, 해상수송은 '새로운 해양개발'에 속하지 않기 때문에 이 이상 언급하지 않기로 한다.

〈연안의 이용〉　다음에는 연안의 이용이 있다. 일본은 면적보다 해안선이 길기 때문에 이전부터 연안을 이용해 왔다. 특히 매립은 주로 공업지대에서 공장용지로 적극적으로 행해졌다. 연안에서의 수산업은 옛날부터 폭넓게 행해졌고, 일본 특유의 뛰어난 기술이 사용되고 있다.

연안 해역을 교통의 목적으로 사용하는 것으로는 다리가 있다. 이것에 가까운 공사로는 Honshu, Shikoku 연락교가 있고 세간의 화제가 되고 있다. 다음에는 해저터널이 있다. Hokkaido와 Honshu 사이에 Seikan 터널이 있다. 최근에는 해저에 짧은 구간이지만 침매터널이 건설된 일이 있다.

이처럼 연안의 이용은 여러 분야에서 행해지고 있지만, 그 기술은(수산업을 뺀) 육지 기술과 거의 같고, 사용되는 장소는 육지에 매우 가깝거나 육지의 연속이기 때문에, 이 책에서는 빼기로 했다.

〈해상, 해중의 이용〉 여기서 취급하는 해양공간에는 해상 및 해중의 이용이 있다. 먼저 해상의 이용은 수단으로서 인공섬, 작업대가 사용되며, 목적으로서는 공항, 발전소, 도시, 석유 개발 등이 있다. 해중의 이용은 석유 개발, 저장, 해중공원 등으로 사용된다.

이들 2개의 이용은 새로운 해양개발 분야에 들어가며, 장래성이 있다.

B. 인공섬

인공섬이란 해저에 돌, 콘크리트, 모래 등을 쌓아 올려 만든 섬이다. 이것을 만들 수 있는 것은 보통 수심 20m 이내의 얕은 바다이며, 사용하는 목적에 따라 섬의 형태는 상당히 다르다.

〈석유 개발〉 미국에는 인공섬을 건설하여 석유를 개발하는

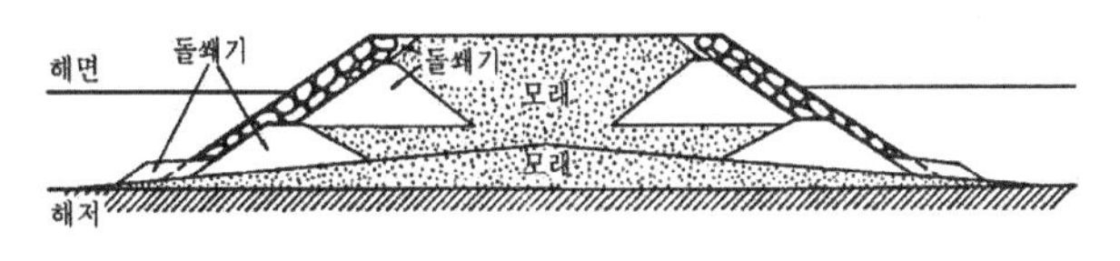

〈그림 4-1〉 인공섬

곳이 여러 군데 있다. 그중 큰 것은 로스앤젤레스시 가까이에 있는 4개의 인공섬이다. 이것은 동월밍턴 유전을 개발하기 위해 수심 7~10m의 바다에 건설된 것이다. 이들은 한 변이 200m인 정사각에 가까운 형태를 하고, 하나의 섬 면적은 약 40,000㎡이다. 이 섬의 단면은 〈그림 4-1〉에 나타나 있다. 먼저 가까운 섬의 석산으로부터 운반된 돌 부스러기를 쌓아 올리고 마지막으로 큰 돌로 석축을 쌓고 있다. 섬 하나의 건설비는 약 200만 달러다. 이것과는 별도로 섬에 나무를 심고 유전 시설을 만들기 위하여 많은 비용이 필요했다. 섬에는 수백 개의 우물을 팠고, 현재는 석유가 생산되고 있다(7장 참조).

〈석탄 개발〉 석탄 개발을 위한 인공섬의 예로는 Ariake만의 Miike 인공섬이 있다. 6.5m의 장소에 건설된 원형의 것으로, 이것에는 배기용의 입항이 파져 있다.

〈항만〉 인공섬을 항만으로 사용하는 예로 Kobe항의 포트아일랜드가 있다. 이것은 크기 및 기능에서 세계적인 것이다. 1966년부터 착공하여 약 10년 만에 완성된 것으로 그 장소는 종래 Kobe항의 바로 바깥쪽, 수심 12m의 장소이다. 이것에 들어간 비용은 1400억 엔, 이것에 사용된 암석, 토사량은 8000만 ㎥이다. 섬의 재료를 구하기 위해 Kobe 시내의 Takakura산을 부수어, 그것을 해안까지 컨베이어로 운반하고, 더욱이 그것을 바지를 이용해 현지로 운반하는 큰 공사였다. 섬의 사용 비율은 표와 같이 되어 있다.

항만시설	241만㎡
도시	112만㎡
도로 기타	83만㎡
합계	436만㎡

항만시설의 예를 들면 배를 옆으로 댈 수 있는 안벽은 5곳이고, 이들의 길이는 800m, 870m, 1,000m, 1,200m 및 1,400m이며, 항만의 기능이 매우 크다. 이 인공섬은 육지가 적은 Kobe시가 생각해 낸 뛰어난 계획이고, 해양공간 이용의 좋은 예이다.

C. 해상도시

〈건설 이유〉 공항을 건설하는 것은 해상보다 육상 쪽이 훨씬 용이하지만, 해상에 공항을 건설하려는 계획이 있다. 그 이유는 첫째로 토지의 문제이다. 공항이 도시에서 멀리 떨어지면 이용자에게 불편하다. 그러나 도시 가까이에 넓은 토지를 취득하는 것은 지가의 문제도 있고, 불가능한 일이 많다. 그래서 해상공항 쪽이 도시에 훨씬 가깝고 편리하다.

두 번째 이유로는 비행기의 소음이 시끄럽다는 것이다. 육상의 공항, 특히 Haneda, Narita, Isedan과 같이 큰 공항에서는 소음이 문제가 된다. 그래서 사람이 살고 있지 않은 바다에 공항을 건설할 수밖에 없는 것이다.

세 번째 이유로는(약간 소극적이지만) 기술이 진보했기 때문에 해상에 공항을 건설하려는 것이다. 이상과 같이 생각해 보면 앞으로는 특히 일본과 같이 좁은 나라에서는 해상공항이 많이 건설될 것 같다.

〈건설 방법〉 해상공항을 건설하는 데는 4가지 방법이 있다.

(1) 인공섬: 바닷속에 섬을 쌓아서 그 위에 활주로를 만든다.

(2) 간척: 공항 예정지의 주위를 둘러쌓아, 안의 물을 퍼내어 해저를 활주로로 한다.

(3) 잔교: 필요한 길이의 잔교를 만들어, 그 위를 활주로로 한다.

(4) 부유체: 강철재 또는 콘크리트제 상자를 해면 위로 떠올려 활주로로 한다.

이상의 4가지 방법을 결정하는 것은 자연조건이다. 즉 수심, 해저지질, 기상, 해상이 건설 방법을 결정하는 요소가 된다. 이 중 해저지질에 관해서는 장소에 의해(특히 만내에 있어서) 슬러지(Sludge) 모양의 것이 있기 때문에 특별한 주의가 필요하다. 건설비 및 그 후에 필요한 유지비의 합계액이 최소인 것이 해상공항의 양식으로 정해진다.

해상공항에 관해서는 세계에서 많은 안이 검토되고 있다. 그러나 실제로 해상에 건설된 것은 몇 개밖에 없다(단 육지와 접하여 매립되었거나, 또는 간척된 것을 뺀다). 일본에서는 Osaka 가까이에 건설된 Kansai 공항이 있다.

D. 해상 발전소

〈건설 이유〉 발전소도 해상에 건설될 이유가 있다. 그 첫 번째로 발전소는 연료의 운반 및 냉각수의 취득이 쉽기 때문에 해안에 건설되는 것이 보통이지만, 해안 가까이에 토지가 없다(또는 지가가 비싸다). 두 번째는 화력 발전의 경우 대기오염이 문제가 되는 것, 세 번째는 원자력 발전의 경우 어쨌든 방사능의 해가 있을 것 같다고 문제 되는 것을 들 수 있다.

특히 원자력 발전소는 인구가 적은 장소에서, 또한 주거로부터 떨어져 있는 것이 필요조건이기 때문에, 토지를 얻는 것이 어렵다. 이 점에 있어서 해양은 그다지 문제 되지 않기 때문에 원자력 발전소가 제일 먼저 바다로 진출하기 쉬운 것이다.

〈건설 방법〉 해상 발전소의 건설 방법에 관한 안으로서는 다음의 것이 있다.

(1) 인공섬식: 섬 위에 발전소를 건설한다. 의견은 간단한 것으로 보이지만, 다른 방법보다 건설에 많은 돈이 든다. 또 바다가 얕아야 한다.

(2) 착저식: 이것은 이동식 작업대의 잠수식과 같은 원리이다. 공장에서 작업대 위에 발전소를 건설하고, 그것을 그대로 떠올려 운반하고, 목적지에서 가라앉힌다.

(3) 케이슨식: 케이슨을 바다에 가라앉혀, 그 위에 발전소를 건설한다. 해저가 평평해야 한다.

(4) 부유체식: 반잠수식 작업대와 같은 원리로, 부유구조물 위에 발전소를 건설한다.

(5) 해중식: 원자력 발전소의 경우에 한하지만, 전체를 바닷속에 가라앉힌다. 이것은 깊은 바다에 적합하지만, 점검이나 수리를 하는 데 따른 문제점이 많다.

〈육상과 비교〉 해상 발전소를 육상의 것과 비교하면 다음과 같은 차이가 있다.

(1) 건설비는 해상 쪽이 훨씬 비싸다.

(2) 필요한 면적은 해상 쪽이 적다(특히 원자력 발전소에서는 눈에 띈다).

(3) 송전 거리는 해상 쪽을 훨씬 짧게 할 수 있다. 이것은 도회지 가까이 있는 해양에 발전소를 건설할 수 있기 때문이다.

경제 면에서 판단하면 (1)은 불리하지만, (2)와 (3)은 이것을 상쇄시킬 수 있다.

일본처럼 지가가 비싸고, 또 공해가 문제 되기 쉬운 장소에서 해상 발전소는 외국보다 빨리 실현될 것이다. 물론 안전을 확보하기 위해서는 건설 장소의 해상 및 해저지질에 대한 조사가 자세히 행해져야 하며, 특히 지진에 대한 대책은 여러 각도에서 충분히 검토할 필요가 있다. 특히 원자력 발전소의 경우에는 고온 배수가 해양 생물에 미치는 영향에 대해서 조사해야 하고, 폐기물 속 방사능의 대책도 안전한 것이 필요하다. 즉 발전소는 안전성이 충분히 높고, 또 다른 것에 공해를 주지 않는 것이 확실하지 않으면 해상에 절대로 건설해서는 안 된다.

E. 해상도시

눈부신 미래 도시로서 해상도시가 자주 화제가 되기 때문에, 이들에 관해서 보다 구체적으로 생각해 보자.

〈특색〉 해상도시의 좋은 점은 무엇인가? 그것은 넓은 해양에 접할 수 있다는 것을 들 수 있다.

혼잡한 도시에서 탈출하여 넓은 모래사장이 있는 해안에 가면 누구나 기분이 좋아진다. 해상도시에 살면 이처럼 육상과 전혀 다른 환경에서 생활할 수 있다. 또한 공기도 깨끗하기 때문에 건강도 좋다.

해상도시는 장점만 있는 것일까? 단점도 생각해 보자.

(1) 건설비가 비싸다. 바다의 험한 환경에 대응하기 위해 모두 특별히 강하게 만들어야 하므로, 건설비가 육상보다 훨씬 비싸다.

(2) 건설물은 해양의 환경에서 상처받기 쉽기 때문에 유지비가 비싸다.

(3) 육지와의 교통이 불편하다. 또 그것을 편리하게 하려면 매우 많은 돈이 든다(예를 들면 해저터널).

(4) 생활 필수품을 육지로부터 끊임없이 보급받아야 한다. 이것에는 전력, 물, 연료, 식료 등이 있다. 전력을 자가 발전하려면 연료가 필요하다. 만약 수천 명이 사는 도시라면, 매일 보급할 생활 물자는 막대한 양이 될 것이다.

(5) 넓은 면적의 공간을 만들기 어렵다. 이것은 건설비가 비싸기 때문이고, 넓은 운동장 등은 바랄 수 없다.

(6) 해상도시의 주민은 철과 콘크리트로 둘러싸인 공간에서 생활해야 한다. 이것은 육상 도시의 생활과 그다지 다르지 않다.

(7) 해상도시의 주민은 자연으로부터 멀어진다. 육지라면 어디에나 있는 가로수나 화단 등을 해상에서는 접할 수 없다.

(8) 쓰레기 처리, 폐수 처리를 간단히 할 수 없다. 이것이 불완전하면 해수 오염의 원인이 된다.

이상과 같이 구체적으로 생각하면, 해상도시란 '특히 감사할 선물'이 아닌 것 같다.

우리들 가까이에 있는 해상도시에 상당하는 것은 배이다. 큰 배에서는 수백 명이 해상에서 생활하기 때문에, 이것은 해상호텔이라고 말할 수 있다. 배의 생활을 고려하면, 해상도시의 생활을 어느 정도 상상할 수 있다. 예를 들면 현대인이 가장 바라는 자유를 해상도시에서 어느 정도 얻을 수 있는가? 등을 생각하면 된다.

〈해상도시의 가능성〉 해상도시에 관해서 작은 점까지 고려해 보면, 이것이 건설되기 위해서는 어떤 필요성이 있어야 한다. 현재의 사회 정세로는 해상도시의 건설이 다음의 경우에 한하는 것으로 생각한다.

⑴ 보여주는 것으로서의 도시

이것은 박람회에서 미래의 도시는 이런 모양이라는 것을 보여주기 위해 건설하는 것이다. 이곳을 방문하는 사람은 도시가 능률적이고, 화려하고 밝을 것이라는 꿈을 꾸겠지만, 출구에서 그 건설비용을 듣고 놀라서 꿈에서 깨어날 것이다.

⑵ 생산하기 위한 도시

이것은 해상에서 무엇인가를 생산하기 위하여 건설하는 도시이다. 이것에 대해서 고려할 수 있는 것은 광물 자원의 생산을 목적으로 하는 것이다. 육지로부터 수십 킬로미터 떨어진 장소로부터 생산된 광물 자원은 현재로서는 석유뿐이다. 이들 장소에서는 작업대를 사용하여 작업을 행하고, 작업원은 그곳에 머무르지만, 보통 그 사람 수는 100인을 넘는 일이 없다. 단 러시아 카스피해에 있는 네브차네, 캬뮤 유전은 예외이다. 여기서는 잔교 위에 석유 생산시설 및 사무실, 병원, 학교 등이 있고, 1,000명 이상이 살고 있으며 도시를 형성하고 있다(그림 4-2).

〈그림 4-2〉 카스피해의 도시

(3) 레크리에이션을 위한 도시

이것은 레크리에이션을 주요 목적으로 하는 도시이다. 이것에는 호텔을 생각할 수가 있다. 호텔은 해상도시의 좋은 점을 살려 사용할 수 있다. 부속 설비로는 수족관, 해중 유보도, 수영 설비, 마리나 등을 설치할 수 있다. 수영이나 요트를 즐기는 사람은 좋지만, 그렇지 않은 사람에게는 바다의 경치가 의외로 단조롭기 때문에 며칠 지나면 지쳐버린다. 그래서 호텔이나 오락 시설의 종업원 이외에는 해상도시에 길게 머무르는 사람은 적을 것이다. 그것은 해상도시의 건설비가 비싸고, 생활 필수품 보급도 비싸기 때문에 숙박비가 육상의 2배 이상이 되기 때문도 있다. 견학자는 많아도 숙박 희망자가 많을지 의문이다.

이상과 같이 구체적으로 생각해 보면 해상도시의 출현은 어렵고, 박람회용이나 생산을 목적으로 한 것을 빼면 당분간 젊은 사람들의 공상을 풍부하게 하는 재료로 한정될 것이다.

F. 해중 이용

해중을 가장 많이 이용하고 있는 것은 수산업이지만, 그 외에 해중의 이용은 매우 적다.

〈해중공원〉 일본에서는 해중공원법이 1970년에 제정되었다. 이것은 해중 경치의 보호와 생물 자원의 보호를 목적으로 하고 있다. 해중공원에서는 좋은 경치를 바라보기 위하여, 해중전망탑이나 해중유보도를 만들 수 있다. 이미 해중공원으로서 지정된 장소는 Wakayama현 Shirahama, Kochi현 Ashinarai, Ehime현 Urawa 및 Sadasaki, Kagoshima 등이 있다. 아름다운 바다를 지키기 위해, 또 아름다운 바다를 지키는 사상을 기르기 위해, 앞으로도 해중공원이 더욱더 늘어나는 것을 강하게 희망한다.

〈석유의 개발〉 해양석유의 개발에서는 작업대를 사용하여 석유의 굴삭을 끝마치는 것이 보통의 방법이다. 그러나 어떤 유전, 특히 바다가 깊은 경우에는 해중에서 굴삭을 끝내고, 처리 장치도 해중에 설치한다. 이 방법은 기상 및 파의 영향을 덜 받기 때문에 유리하다. 그러나 장치의 유지나 관리에 있어서 기술적인 문제점이 있다. 이 방법은 세계의 여러 곳에서 행해지고 있다.

〈저장〉 주로 항만에 있어서, 육지가 좁기 때문에 해중에 창고를 만들어 물품을 저장하는 방법이다. 그러나 고체의 경우에는 해중창고에 물품을 운반하는 것이 매우 불편하다. 현재 사용하고 있는 것은 주로 석유의 저장뿐이다. 석유는 펌프와 파이프로 운반할 수 있기 때문에 육상의 것과 거의 같은 방법으로 저장할 수 있다.

2. 해양에너지의 이용

A. 해양에너지

지구가 태양으로부터 받는 에너지의 대부분은 열이고, 그것에 매우 작은 인력이 작용한다(그림 4-3). 태양의 열은 해수도 데우고, 또 공기를 따뜻하게 한다. 해수를 데우는 열은 불과 40m의 깊이에서 90%나 흡수되어 버린다. 그 때문에 깊은 부분의 해수 온도는 매우 낮고, 600m 정도의 깊이에서는 4℃에 가깝다. 적도 부근에서 해면의 온도는 약 30℃이기 때문에 깊은 부분과의 온도차가 크고, 이것이 에너지로 이용된다.

해면에서는 적도에서 온도가 높지만, 적도에서 멀어짐에 따라 온도가 낮아진다. 해면에서의 온도차는 조류가 원인이다. 이것도 에너지원이 될 가능성이 있다. 공기는 태양의 열에 의해 따뜻해지지만, 그것은 일정하지 않고 장소에 의해 온도가 다르다. 이것은 바람의 원인이 된다. 바람은 파의 원인이 되며, 파는 에너지로 이용된다.

바다에서는 1일에 2회 만조와 간조가 있지만, 그 원인의 대부분은 달의 인력이고, 일부분은 태양의 인력이다. 이 조석은 에너지로 이용된다.

해양에서 이용할 수 있는 에너지는 온도차, 조류, 파 및 조석

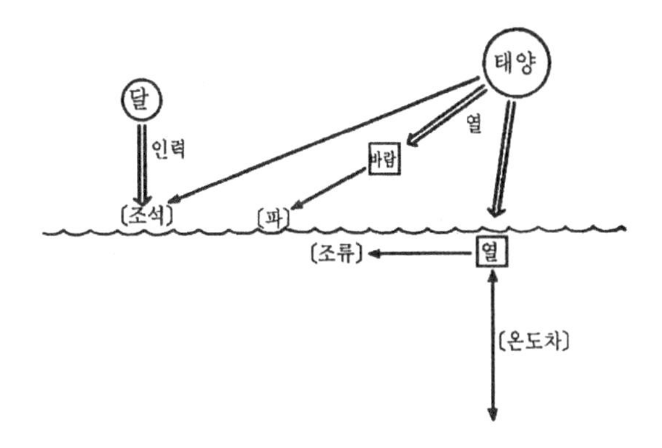

〈그림 4-3〉 태양과 달의 에너지

이지만, 이 중 조류는 현재 이용되지 않기 때문에 나머지 3개에 관해서 설명한다.

지구에 도달하는 태양에너지의 약 70%를 해양이 흡수하고 있으며, 그것은 매우 큰 것이다. 그러나 그것은 넓게 분산되어 있고 좁은 장소로 모으는 것이 어렵다. 그래서 태양의 에너지를 사람이 이용할 수 있는 형태로 만드는 것은 간단하지 않다. 그러나 오랫동안 많은 사람의 노력으로 점차 실용화되고 있다.

B. 조석에너지

〈이용 방법〉 조석에너지를 이용하기 위해서는 해수를 저장하기 위한 저수지가 필요하다. 그 입구에는 수문이 있고, 그곳에 터빈이 설치되며, 해수가 그곳에 흐를 때 터빈이 회전하여 발전이 이루어진다. 조석의 이용 방법으로는 단식과 복식의 2종류가 있다. 〈그림 4-4〉는 해면의 상승, 하강을 발전에 이용하는 방법을 설명하는 것으로 횡축은 시간의 경과, 종축은 수

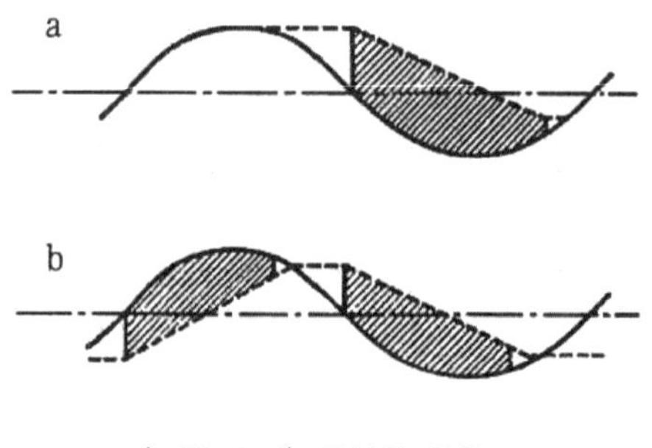

〈그림 4-4〉 조석의 이용

면의 높이를 나타내며, 실선은 해면의 높이, 파선은 저수지면의 높이를 나타낸다.

먼저 〈그림 4-4〉의 a는 단식을 설명하는 것으로, 왼쪽에서 시작된다. 해면은 점차 높아진다. 이때 수문이 열리고 해수가 자유로이 저수지로 들어가 그 수면이 차례로 높아진다(이때 터빈은 회전하지 않는다). 만조가 되어 해면이 가장 높아지면 수문은 닫힌다. 해면이 내려오면 저수지면 사이에 낙차를 일으킨다. 이때 수문을 열고, 물이 터빈을 회전시킨다. 그리고 발전기가 회전하여 발전한다. 해면이 다시 높아지기 시작하면 터빈이 회전을 정지한다. 〈그림 4-4〉의 사선 부분이 발전에 이용할 수 있는 낙차를 나타낸다. 이 방법으로 1일에 2회 발전한다.

다음에 〈그림 4-4〉의 b는 복식을 설명하는 것이다. 이 방법에서는 높아지기 시작하는 물이 저수지에 들어왔을 때도 발전하기 때문에 1일에 4회 발전할 수 있다. 그래서 이 방법이 많이 채용된다. 그러나 이 방법에서는 수문 부분이 약간 복잡하다.

〈결점〉 조석 발전에는 큰 결점이 있고, 그 때문에 세계 어느 곳에서나 이용할 수 있는 것은 아니다.

결점의 첫 번째는 간만의 차가 크지 않으면 이용할 수 없다는 것이다. 1년 동안 평균의 차가 7m 이상 필요하다고 생각할 수 있다. 결점의 두 번째는 건설비가 비싸다는 것이다. 저수지로 자연의 만을 이용하면 그 입구에 긴 댐을 건설해야 하며, 건설비가 비싸진다. 또한 이용할 수 있는 낙차는 매우 작다(수력 발전의 경우의 수십 분의 1 정도). 만약 이러한 만을 수산업이나 해상교통에 사용하고 있다면 그 보상도 적지 않을 것이다. 결점의 세 번째는 발전기가 연속 운전할 수 없는 것, 또는 임의의 시각에 운전할 수 없는 것이다. 발전은 조석의 시간에 좌우되며, 또한 1일 4회로 나누어진다. 전력이 필요한 주간에 발전할 수 없고, 전력이 남아도는 야간에 발전하는 일이 자주 일어난다. 이것은 전력비가 비싸지는 원인이 된다.

〈란스 발전소〉 현재 대규모 장치로 조석에너지를 이용하여 발전하고 있는 것은 세계에서 단 1곳, 프랑스 서북부에 있는 란스 발전소이다. 간만의 차는 대조에서 10.9m, 소조에서 5.4m, 연평균 8.5m이다. 만의 입구에 길이 750m의 댐이 건설되었다. 공사는 1961년부터 시작하였고 발전 개시는 1966년이었다. 여기에 100,000kW의 발전기 2대가 설치되었다. 즉 출력은 240,000kW이다. 건설단가는 1kW당 17.5만 엔, kW시 단가는 105엔이다. 이것을 현재의 화력 발전과 비교하면 전자에 있어서 수 배, 후자에 있어서는 수십 배가 된다. 이것을 보면 조석 발전은 프랑스가 국가적 사업으로 진행했기 때문에 가능했고, 보통의 경우에서는 경제적으로 무리라는 느낌을 강하게 받는다.

〈일본에서의 가능성〉 조석의 이용을 고려하는 경우에 첫 번째로 간만의 차가 어느 정도인가를 조사해야 한다. 도쿄에서는 대조에서 1.5m, 소조에서 0.5m이고, 태평양 연안에서는 이것과 가까운 숫자이다(단 북쪽에서는 작다). 동해 쪽에서는 이것보다도 상당히 작고, 대조에서도 0.2m에 달하지 않는 장소가 많다. Kyushu는 일반적으로 크고, 특히 Ariake만의 안쪽에서는 대조 약 5m, 소조 약 2m에 달한다. 그래서 조석 발전에 관해서는 일본에서 Ariake만이 가장 유망하다. 그러나 외국의 조석 발전 후보지에서는 소조에서도 5m 이상의 차가 있기 때문에 일본의 조석에너지 이용은 곤란한 모양이다.

이 발전에는 만을 하나 사용해야 하지만, 일본의 해안에서는 어업이 최우선이기 때문에 이것은 실현 불가능하겠다. 적어도 현재 일본인은 에너지에 대해서 무관심하기 때문에 무리하여 에너지를 만들어내는 일은 없다. 결국, 일본에서는 당분간 행할 수 없다는 결론이 된다.

〈장래성〉 현재 발전소에 의한 대기오염이 점차로 큰 문제가 되고 있다. 이것은 화석연료(특히 석탄, 석유)를 사용하는 한 피할 수 없는 것같이 보인다. 하지만 조석에너지를 사용하면 연료를 전연 사용하지 않기 때문에 대기오염은 전혀 일어나지 않고, 달의 인력을 사용하기 때문에 영구히 계속되는 에너지이다. 지금이야말로 석유가 값싸기 때문에 다른 것으로 바꾸지 않아도 되지만, 이와 같은 시대는 오래 계속되지 않는다. 경제적, 정치적 이유에 의해 석유의 가격이 현재의 2배가 되는 것은 불과 수년밖에 걸리지 않았고, 그 후도 차차 비싸질 것이다. 그때 공해 문제는 현재보다 훨씬 강하게 논의될 것이기 때문에, 공해를 일으키지 않는 에너지원이 인정받게 될 것이다. 이처럼 생각하면 조석에너지는 미래의 에너지라고 말할 수 있겠다.

C. 파 에너지

〈파의 결점〉 외해에 면한 해안에서 큰 파가 반복하여 해안에 부딪히는 것을 보면, 그 파의 에너지를 유효하게 사용할 수 없을까 하고 누구나 생각할 것이다. 옛날부터 파를 이용하는 시도는 많았지만, 이것이 실용화된 것은 의외로 최근이다. 그 이유는 파가 다음과 같이 이용하기 어려운 성질을 가지고 있기 때문이다.

(1) 큰 파가 길게 지속하지 않는다. 큰 파는 눈에 띄지만, 1년 동안에는 작은 파가 많고, 전혀 파가 없는 날도 있다.

(2) 파는 왕복운동을 한다. 우리가 에너지로 이용하는 데는 일정 방향으로 지속된 흐름이 바람직하지만, 파는 그와 같은 성질을 가지고 있지 않다.

(3) 파의 속도가 작다. 에너지로 이용하는 데는 빠른 속도가 바람직하지만, 파는 훨씬 느린 운동을 한다.

파는 이와 같은 성질은 가지고 있기 때문에 눈으로 보아 느낄 정도로 도움이 되지 않는다. 그래서 파의 운동을 회전운동으로 바꾸고, 또 고속으로 해야 한다. 이것을 위해 파력을 공기력으로 바꾸어, 공기터빈을 회전시켜 발전하는 방법을 사용한다.

〈발전 방법〉 이 원리는 〈그림 4-5〉에 나타내고 있다. 이 장치 구조의 큰 부분은 세로형의 원통이고, 지름은 수십 센티

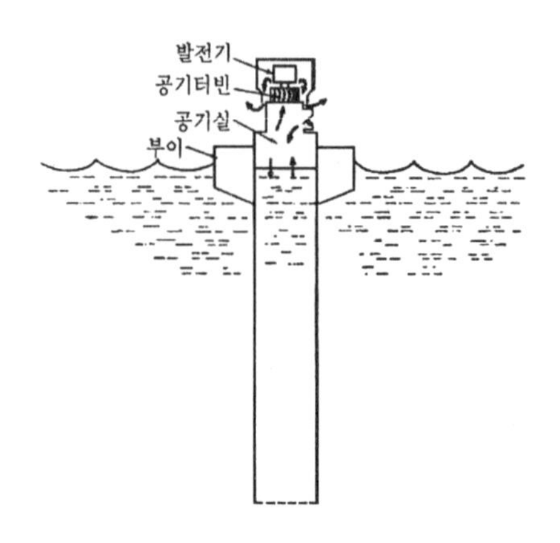

〈그림 4-5〉 발전기

미터, 길이는 수십 센티미터이다. 그 바닥은 열려 있고 물이 자유롭게 들어온다. 원통의 상단 가까이에는 '부표'가 부착되어 전체가 가라앉는 것을 방지한다. 파의 운동은 수면에서 멀어지면 작아지기 때문에, 원통 내의 수면은 그다지 움직이지 않는다. 이것에 반해 부표는 파에 의해 상하로 움직이기 때문에 원통 내의 수면은 원통에 대해 상대적으로 상하로 움직이게 된다. 그래서 공기실의 압력은 변동한다. 원통의 상단에는 공기의 입구가 있고, 이것은 내측으로만 열리는 변의 장치로 되어 있다. 원통 내의 수면이 내려가면 공기실의 압력이 내려가 공기가 공기실로 들어온다. 수면이 올라가면 압력이 올라가 위쪽에 설치된 공기터빈을 통해서 밖으로 내보낸다. 이때 공기터빈이 회전하며, 이것에 접속된 발전기가 회전하여 발전한다.

항로 표식용 부이로서 현재 많이 사용되고 있는 것은 70W의 발전기를 사용하는 것이다. 전력은 축전지에 저장되며, 상용 10W의 능력이 있다. 이것은 파 에너지에 의해 발전되며, 모두 자동으로 작동하여 항로 표식의 역할을 행한다. 이와 같은 부이는 일본에서 200개 이상 사용되고 있다.

Tokyo만 입구에 있는 Ashika섬 등대는 위에 설명한 부이와 같은 구조를 하고 있다. 단 이들은 섬에 고정되어 있다. 이 발전기는 130W이고, 100W의 전등이 점멸된다.

〈장래성〉 일본의 해안선은 길고, 가늘고 길게 튀어나온 반도나 곶이 많다. 그것에 작은 섬도 수가 많다. 이들은 파 에너지를 사용하는 데 좋은 장소이다. 특히 겨울에는 기후가 나빠 큰 파가 계속되는 일이 많다. 지금까지는 파 에너지를 적극적으로 이용하는 것은 생각할 수 없었지만, 무료 에너지원으로 이것을 다시 생각해야 한다. 예를 들면, 어떤 작은 항구에나 있는 방파제는 파 에너지가 집중하는 뛰어난 장소이다. 여기에 발전기를 설치하면, 특히 겨울에는 통합된 전력을 쉽게 얻을 수 있다. 해양의 깊은 장소에서는 부방파제에 발전기를 설치하여 발전할 수 있다. 이들은 공해 문제와 비싼 연료비 때문에 지금까지는 무시되고 있던 무료 무공해 에너지의 개발에 대해서, 국가에서 연구를 시작해야 하겠다.

D. 온도차의 이용

〈이용 방법〉 태양으로부터 온 열에너지를 이용하는 방법으로 해면과 깊은 바다의 온도차를 이용하는 방법이 있다. 이 원리는 1926년에 프랑스인 크로드가 고안한 것이다. 장치는 2개의 플라스크를 조합한 것으로 도중에 터빈이 부착되어 있다. 하나의 플라스크에는 온도 28℃의 물이 들어가 있고, 다른 플라스크에는 얼음이 들어가 있다. 진공펌프로 플라스크 안의 공

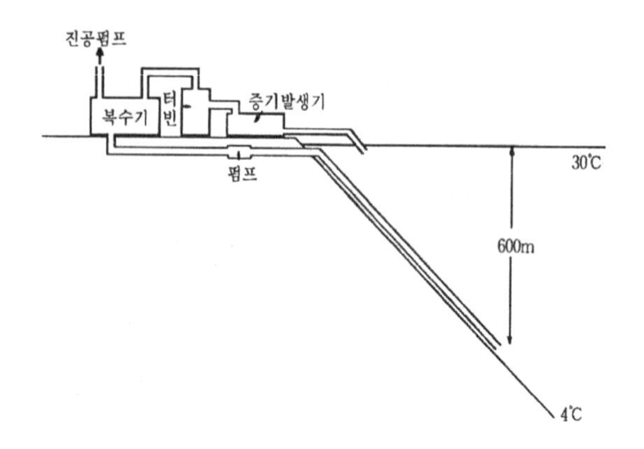

〈그림 4-6〉 온도차 발전

기를 빼내면 플라스크 안의 물이 끓기 시작한다. 수증기는 플라스크 앞의 노즐로부터 분출하여 터빈을 돌린다. 터빈은 회전기를 돌려서 발전한다. 수증기는 다른 플라스크에서 냉각되어 물이 된다.

이 원리를 실제로 응용한 것이 〈그림 4-6〉이다. 열대지방 해수의 표면 온도는 26~30℃이지만, 깊이 600m에서는 4~5℃ 정도이다. 이 온도차를 이용하여 발전하려는 것이다. 30℃의 물은 감압 상태로 끓이고, 수증기는 좌측으로 흘려서 4℃의 물에 냉각되어, 물이 된다. 이 도중에 수증기는 터빈을 회전시켜 발전한다. 이 방법에서 가장 불편한 것은 깊이 600m에서 물을 퍼 올리는 것이다. 그래서 이것을 실행하는 데는 수심이 급격히 깊어지는 장소가 바람직하다. 에너지 계산에 의하면 1초간에 100㎥의 물을 처리하며 40,000kW를 얻을 수 있다. 단, 그다지 크지 않은 발전량에 대해 대량의 물(1일당 860만 ㎥)을 처리하는 장치가 경제적으로 건설될 수 있을까 하는 의문이다.

〈장래성〉 프랑스는 이 방법에 대해서 열심이고 거액의 돈을 사용하여 연구했지만 아직 실험의 범위를 벗어나지 못했다. 공업적 이용에는 상당히 멀리 있다. 그러나 무한인 태양열을 유효하게 이용하는 방법으로서 주목해야 하고, 동시에 대기 또는 물을 오염하지 않는 에너지원으로서도 주목해야 한다.

이 방법에는 아직 문제점이 많다. 예를 들면 터빈을 회전하는 데 수증기 대신 프로판을 사용하면 장치 전체가 상당히 작아진다. 이 방법을 잘 사용할 수 있으면, 장치를 경제적으로 건설할 수 있겠다. 혹은 심해로부터 퍼 올린 냉각수는 가능한 한 30℃ 가까이 유효하게 사용하는 것이 이상적이지만, 그것은 불가능하다. 27℃까지 이용하여 버린 경우에는 해면에 3℃ 낮은 물이 대량으로 방출된다. 이것은 생물에게 큰 영향을 주는 것이다.

앞으로는 시간을 들여서 이와 같은 문제를 풀어가며, 미래의 에너지로서 온도차를 실용적으로 하는 노력을 지속해야겠다.

3. 해수의 이용

근년, 해수를 공업에 이용하는 경향이 급속하게 높아졌다. 이것에 관해서 ① 공업용 냉각수, ② 해수의 담수화, ③ 공업원료로서의 해수의 3분야를 여기서 취급한다. 또 해수 이용의 대부분은 육상에서의 문제이기 때문에, 여기서는 간단하게 설명하기로 한다.

A. 공업용 냉각수

공업용 냉각수는 담수와 해수로 나눌 수 있다. 담수의 용도는 냉각용, 원료처리용, 보일러용이 있지만, 이 중 냉각용이 전체의 40% 이상을 점하며 다른 용도보다 많다. 그러나 냉각수는 해수로 점차 대체되고 있고, 현재 해수의 사용은 담수의 약 3배이다. 이 이유로 공업용수 전체에서 해수는 담수보다 많고, 약 1.5배다. 현재는 공업용수 중에서 해수가 차지하는 비율이 예상 이상으로 많다. 해수를 냉각수로 사용하는 산업은 발전(화력 및 원자력), 제강업, 석유화학공업 등이다. 대량으로 해수를 사용하는 경우는 미리 부근의 해상, 해저의 상태, 수질, 수온 등에 대해서 자세하게 조사해야 한다. 또 부근 해역의 생물에 관한 연구도 필요하다. 특히 물의 취수구, 물의 통로, 냉각기 등에 대한 생물의 부착 문제는 기계의 운전에 큰 영향을 준다. 해파리가 대량으로 밀려와서 물의 취수가 불가능하게 되어 발전을 중지하는 예가 있다. 또 온배수가 생물에게 주는 영향에 대해서도 조사해야 한다.

B. 해수의 담수화

생활 정도의 향상, 공업의 진보 등에 의해 일본에서는 점차로 물(담수)이 부족하게 되었다. 그 부족량은 10년 후에는 1년간 약 60억 톤에 달할 것으로 예상된다. 이 중 관동지방은 10억 톤(1일당 270만 톤)이 부족량이다. 이 부족량을 해수의 담수화에 의해 보충하는 것이다. 담수화 방법에는 여러 종류가 있지만, 여기서는 공업적인 방법에 관해서 설명한다.

〈종류〉

(1) 냉동법

해수를 진공상태에서 끓여, 그 기화열에 의해 나머지 해수를 냉각시켜 물을 만든다. 이 방법은 담수화를 위해 사용되는 에너지가 적은 점에서 뛰어나다. 그러나 이것은 처리 능력이 1일에 수백 톤 정도까지 적합하고, 이상의 장치에는 적합하지 않다.

(2) 전기 투석법

이것은 염분을 전기화학적으로 담수하는 방법이다. 물을 넣는 용기의 양쪽에 이온교환수지막이 있고, 그 바깥쪽에 양극, 반대의 바깥쪽에 음극이 있다. 이것에 전기(직류)를 흘리면 염소와 같은 음이온은 수지막을 통해서 양극으로 흐르고, 소듐(나트륨)과 같은 양이온은 수지막을 통하여 음극으로 흐른다. 그래서 시간이 흐르면 양쪽의 이온 농도가 점차 높아져 중앙 부분은 담수가 된다. 이 방법은 염분 농도 0.5% 이하의 물에 적합하고, 해수는 염분 농도가 너무 높기 때문에 적합하지 않다.

(3) 증발법

이것은 해수를 달구어 증발시켜 수증기를 만들고, 이것을 냉각시켜 담수로 만드는 방법이다. 이것에는 수 종류가 있지만, 대량으로, 또 싸게 해수에서 담수를 얻는 방법으로서는 다음에 나타내는 다단 플래시식이 있다.

이 방법의 원리는 이렇다. 고온고압 상태의 물을 낮은 압력 상태로 유도하여 순간적으로 끓이고 증발시켜(즉 플래시시켜) 만들어진 수증기를 콘덴서 안을 지나는 해수와 열 교환하여 응축시켜 담수를 만든다. 〈그림 4-7〉은 3단 조합시킨 방법이다. 왼

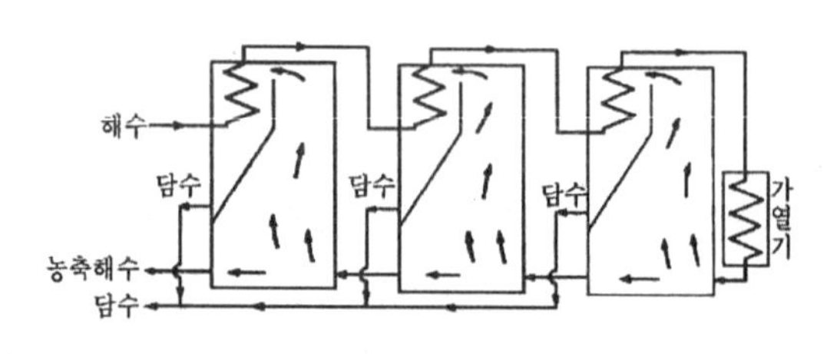

〈그림 4-7〉 다단 플래시식 담수화 장치

쪽 위에서 해수가 들어가고, 콘덴서를 통과하는 사이에 점차 따듯해져, 마지막으로 가열기에 의해 높은 온도와 압력이 된다. 이 해수는 제1단의 플래시실로 보내진다. 여기는 압력이 낮기 때문에 수증기를 발생하고, 수증기는 상승하여 차가운 해수가 흐르고 있는 콘덴서에 접촉하여, 냉각되어 담수가 되며 좌측에서 밖으로 나온다. 제1단의 플래시실의 해수는 제2단의 플래시로 보내지며, 여기서 압력이 더욱더 낮기 때문에 다시 수증기를 증발시킨다. 같은 기능이 제3단의 플래시실에서도 행해진다. 이와 같이 하여 담수가 만들어진다.

열을 유효하게 사용하기 위해서 실제로 플래시는 8단 정도로 행하는 것이 많다. 담수를 제거한 해수의 염분 농도는 마지막으로 보통의 약 2배가 된다. 또 세계에서 큰 해수 담수화 장치는 다단 플래시식이 많다. 단 일본에서는 장래 연료가 값이 오르면 이 방법은 사용하기 어렵게 된다.

C. 공업원료로서의 해수

해수에는 77종류의 원소가 포함되어 있지만, 이 중 비교적 많은 것은 11종류뿐이고, 그 밖의 원소는 미량밖에 없다. 그리고 이들의 원소 중 공업원료로 사용되고 있는 것은 불과 수 종

〈표 4-1〉 일본에서의 해수 이용(1967)

종류	생산량(톤/연)	해수량(톤/일)
식염	985,000	350,000
마그네슘	347,000	560,000
브로민	6,020	390,000
합계	-	1,300,000

류뿐이다.

해수에 녹아 있는 것 중에서 가장 많은 것은 식염(염화 소듐)이다. 세계에서 매년 약 2000만 톤의 식염이 해수로부터 생산되고 있다. 일본에서는 매년 100만 톤이 일본의 독특한 방법으로 생산되고 있고, 이것은 주로 식료로 사용되고 있다. 이것 이외에 매년 500만 톤 이상의 식염이 공업용으로 수입되고 있고, 그 대부분은 소다공업에서 소비된다.

마그네슘은 소듐(나트륨)에 이어 해수에 다량으로 있는 성분이다. 일본에서는 육상 자원이 빈약하기 때문에 마그네슘을 적극적으로 채취하여 이용하고 있다. 마그네슘은 내화기와, 비료, 의약용 등에 사용된다.

브로민은 해수에 포함된 양이 많지 않지만 육상으로부터는 거의 산출되지 않기 때문에, 외국에서도 해수에서 제조되고 있다. 일본에서는 매년 6,000톤 이상 생산하고 있다. 브로민은 가솔린 첨가제, 의약용 등으로 사용되고 있다.

이 3종류는 해수를 이용하는 공업으로서 일본에서 만들어지고 있는 것들이다. 이들의 생산량과 해수 사용량을 나타내면 〈표 4-1〉과 같이 된다. 이것에 의하면 1일당 원료로서 해수의 사용량은 130만 톤이다.

위의 3성분 이외에도 포타슘(칼륨)이나 유황염이 상당히 많이 포함되어 있지만, 생산비가 많이 들기 때문에 일본에서는 공업적으로는 생산되고 있지 않다. 해수의 담수화에는 약 2배 농도의 해수가 얻어지기 때문에, 앞으로 이것을 유효하게 사용하면 새로운 성분을 해수에서 취득할 수 있을 것이다.

해수의 담수화를 열의 발생을 위해 고생하고 있는 공업과 연결하는 방법이 있다. 예를 들면 발전소(특히 원자력 발전소)에 해수 담수화 공장을 접속하여, 냉각수로 버려져야 할 열량을 해수의 담수화로 사용하고, 이것에 의해 만들어진 농도 높은 해수를 공업원료로 사용한다. 이것을 잘 행하면, 근대문명에 필요한 전력, 물(담수) 및 화학제품이 한곳에서 얻어지기 때문에 정말로 훌륭하겠다. 천연자원을 유효하게 사용하는 의미에서, 앞으로는 이 점을 구체적으로 계획하여야겠다.

5장
아름다운 바다를 지키자—환경 문제

일본은 지금까지 가난으로부터 탈출하기 위해서 외양과 관계 없이 지속해서 일해 왔다. 때로는 생활환경이 파괴되어도 '경제발전을 위해' 그것은 무시되었다. 정신 차려보니까 일본은 경제대국이 되었다. 그러나 우리들 주변을 바라보면 모든 곳에서 생활환경이 파괴되었고, 또 해수가 오염되었다. 그리고 사람들은 '경제발전'보다 더욱 절실한 것이 있다는 것을 겨우 알았다. 그것은 인간이고, 인간이 사는 지구이다. 지금부터는 인간이 기분 좋게 살 수 있도록 좋은 환경을 만드는 것이 제일 중요한 일이다. 둘도 없는 지구를 아름답게 하는 것이 현재로서는 가장 중요한 것이다. 여기서는 아름다운 바다를 지키는 것에 대해서 생각해 보기로 하자.

1. 아름다운 바다와 해양개발

세간에서는 해양개발을 하면 반드시 바다가 오염된다고 생각하는 사람이 있다. 혹은 바다를 오염시키는 것은 해양개발뿐이라고 생각하는 사람이 있다. 그러나 이 양쪽 모두 틀리다. 확실히 해양개발은 작업 장소가 바다이기 때문에, 바다의 아름다움을 지키려는 정서가 없으면 바다를 더럽힐 가능성이 크다. 그러나 지금은 이와 같은 생각으로 일하는 사람이 거의 없기 때문에, 해양개발이 반드시 바다를 오염시킨다는 생각은 틀린 것이다. 오히려 현재는 바다와 관계없는 사람이 바다를 오염시키고 있다. 현재 문제가 되는 Ariake만, 기타 해수의 오염은 공장의 폐수가 원인이다. 일부 사람은 바다를 쓰레기 처리장으로 알고 있는 것처럼 보인다.

좀 더 정확히 말하면, 우리들 전부가 바다를 쓰레기 처리장으로 생각하고 있는 것이 아닌가 의심되는 일이 많다. 인구가 적었을 때, 또 공업이 발달하지 않았던 때에는 바다에 적은 양의 쓰레기를 버려도 실제로 해가 없었다. 그러나 지금은 다르다. 좁은 육지에 사람이 넘치고, 여기저기에 공장이 세워진 현재는, 아무 생각 없이 버린 쓰레기가 바다를 오염시키고 그 피해는 육지에 사는 인간에게 즉시 되돌아온다. 지금 바다의 아름다움을 지키는 것은 우리들의 생명을 지키는 것과 같은 정도로 중요해진 것이다.

아름다운 바다를 되찾고, 그것을 지키려면 어떻게 하면 좋을까? 나는 다음의 3가지가 이것을 위해 가장 도움이 된다고 생각한다.

⑴ 바다에 관심을 가질 것

지금까지 바다를 오염시키는 사람을 보면, 그 대부분은 바다에 관심을 가지고 있지 않은 사람이다. 태연히 바다를 쓰레기장으로 생각해 버리기 때문이다. 그래서 그와 같은 사람에게 바다에 대한 관심을 가지게 하는 것, 또는 바다에 관한 지식을 알려주는 것이 필요하다. 바다의 이용 가치를 알리는 것도 하나의 방법이다. 바다가 육지에 사는 우리들의 생활을 풍요롭게 하는 것을 안다면, 바다에 쓰레기를 버리는 것과 같은 행동은 할 수 없게 될 것이다.

⑵ 바다 오염의 원인을 아는 것

아름다운 바다를 지키는 데는 바다를 더럽히는 원인을 아는 것이 제일이다. 우리들이 일상생활에서 무의식적으로 하는 것이 바다 오염의 원인이 되고 있을지도 모른다. 이와 같은 원인에 관해서 알고, 혹은 그것에 관한 지식을 가지는 것이, 바다의 오염을 방지하는 생각을 강하게 하는 것이다. 특정 산업이 바다 오염의 큰 원인인 것이 세간에 알려지면, 그 산업의 경영자는 그 오염을 막는 노력을 할 수밖에 없겠다.

⑶ 바다의 오염을 막는 방법을 아는 것

오염을 막는 방법은 필요한 것이기 때문에, 그와 같은 지식을 가지고 있으면 바다를 오염시키는 산업에 대한 비판을 올바르게 할 수가 있다. 이와 같은 지식은 바다의 아름다움을 지키기 위하여 실질적으로 도움이 된다.

다음, 오염 실태에 관해서 설명하기 전에 오염을 올바르게 알기 위해 수질 등에 관한 용어를 기술한다.

〔용어〕

- DO(용존산소): 물에 녹아 있는 유리산소
- COD(화학적 산소 요구량): 물질을 산화하기 위해 필요한 산소의 양. 이 숫자가 큰 것은 물속에 물질이 많이 혼합된 것을 나타낸다.
- BOD(생화학적 산소 요구량): 박테리아에 의해 산화될 때에 필요로 하는 산소의 양. 20℃의 온도에서 5일간 소비되는

산소의 양을 나타낸다.

- TLm(반수 치사량): '송사리' 등의 시험어를 사용하고, 10마리 중 5마리가 48시간 이내에 죽는 농도. 일본에서는 이 농도의 10분의 1을 한계농도로 한다.
- ppm(100만 분의 1): 예를 들면 1㎏에 1㎎이 포함되는 경우가 1ppm이다.

위의 용어에서 해면에서의 DO는 해양에서 약 10ppm이고, Tokyo만이나 Osaka만과 같은 곳에서도 7.5ppm 이상인 것이 바람직하다. 이 이하가 되면 물이 상당히 오염되어 있는 것을 나타낸다. COD 및 BOD는 해수 및 해저의 진흙에 대해서 조사한다. 예를 들면 해수 속의 COD는 항상 1ppm 이하인 것이 바람직하다. 그리고 해저의 COD는 마른 진흙 1g당 20㎎ 이하인 것이 바람직하다.

〈적조〉 해수 중에 주로 식물성 플랑크톤이 이상 증식하여 해수가 붉어지는 것을 적조라고 한다. 적조 발생의 원인은 해수 속에 유기물, 인, 질소 등이 많아져 해수가 부영양화하는 것이다. 그래서 적조가 발생하기 쉬운 경우는 해수의 COD가 1~2ppm 이상, 또는 질소염이 0.3ppm 이상이 된 경우이다. 해수가 이렇게 되는 원인은 공장 폐수 및 생활 폐수(하수, 분뇨)의 혼입이다. 물의 정체도 적조 발생의 원인이 된다. 이것에는 온도도 관계하기 때문에, 봄부터 여름에 걸쳐 발생하기 쉽다. 적조의 발생은 해수 중의 DO를 감소시켜, 물고기를 죽이는 원인이 된다. 적조의 성분이 되는 식물성 플랑크톤의 크기는 대부분이 50~100μ이기 때문에, 하나씩 눈으로 구별할 수 없다.

2. 바다를 오염시키는 것

A. 산업 폐수 및 도시 하수에 의한 것

〈공장 폐수〉 폐수를 배출하는 것은 주로 화학공장이다. 폐수란 원료로부터 필요한 물질을 제거한 폐기물, 반응에 의해 일어난 불순물, 용매로 사용되어 사용할 수 없게 된 것 등이 물과 함께 버려진 것이다. 이것에는 펄프폐액, 각 종류의 산, 알칼리 용액, 기타의 용액 등이 있다. 만약 폐수 속에 유기물, 인, 질소가 많이 포함되어 있으면 적조의 원인이 된다. 또는 폐수 속에 카드뮴, 수은, PCB 등의 유해물질이 포함되어 있으면, 생물, 특히 사람에게 해를 주게 된다.

어떤 종류의 공장, 특히 발전소에서는 다량의 냉각수가 사용된다. 배출된 냉각수는 해수보다 온도가 높기 때문에 그 양이 매우 많은 경우에는 바다 생물에게 영향을 준다.

바다라는 자연환경은 예상 이상으로 민감하고, 눈으로 보아서는 절대로 알 수 없는 미량의 물질을 버려도 그것은 영구히 없어지는 일 없이 어떤 형태로 육지에 사는 우리에게 영향을 준다.

〈농업에 의한 오염〉 농업은 일반적으로 바다를 오염시키는 일이 없다고 생각되고 있지만, 실제로는 그렇지 않다. 그것은 농약이다. 최근에는 농약의 사용량이 매우 증가하고 있고, 농약은 비에 흘러가서 결국에는 바다에 녹아든다. 농약은 소량이어도 작용이 강하기 때문에, 바다 생물에게 영향을 줄 가능성이 크다. 공업지대가 아닌데도 근해에서 수산물의 산출이 줄어들고 있는 장소에서는 농약에 의한 영향을 의심해 볼 필요가 있겠다.

특히 위험스러운 것은 생물체 내의 농약 축적이다. 이것이 인간의 체내에 침입하고, 나아가 축적되는 위험성이 다분히 있기 때문이다. 큰 피해를 미리 방지하기 위해 조사연구가 적극적으로 행해지기를 희망하고 있다.

〈도시 하수에 의한 오염〉 최근에는 도시 하수의 양이 점차 증가하고 있다. 이것은 가정 또는 공장으로부터 흘러나온 것으로, 하천을 따라 바다로 들어간다. 하수에는 유기물이 많고, 이것이 해수에 혼합되면 영양이 많은 물이 된다. 이것은 적조를 발생시켜 해수를 탁하게 하는 원인이 된다.

도시에 대한 인구의 집중은 근년에 점점 격심해지고 있기 때문에, 도시 하수에 의한 오염은 장래에 점점 넓어진다고 생각해야 하고, 대책을 충분히 고려해야 한다.

B. 기름에 의한 것

최근 기름에 의한 해수의 오염이 두드러진다. 그것은 해양에서 해안으로까지 미치며, 해수욕하러 가면 심한 상황을 만나는 일이 있다. 이와 같은 오염의 원인에 대해서 생각해 보자.

〈배로부터의 오염〉 이것에는 4종류가 있고, 다음과 같이 분류된다.

(1) 빌지(Bilge)

배의 엔진으로부터 누출되는 연료유나 윤활유를 포함하는 오수를 빌지라고 한다. 이것에는 기름이 0.1% 정도 섞여 있다.

배에서 빌지를 바다에 버리는 일이 있다.

⑵ 밸러스트 물

탱커에 기름을 넣고 있지 않을 때 탱커의 안정성을 좋게 하기 위하여 넣는 물을 밸러스트 물이라고 한다. 기름을 넣기 전에 이 물을 바다에 버린다. 원래 기름이 들어가 있던 장소에 물을 넣기 때문에 물에는 약 0.1% 정도의 기름이 섞인다.

⑶ 탱크 청소 물

배의 기름탱크를 때때로 물로 씻어내는데 그 물에 0.3% 정도의 기름이 섞인다.

⑷ 해난 사고

충돌, 침몰 등에 의해 배의 연료유, 또는 탱크의 경우 실은 기름이 바다로 흘러들어간다. 이 사고는 최근에 상당히 많아졌다.

이상 중 ⑴, ⑵, ⑶은 배에서 고의로 버려지는 일이 있다. 일본 근해 오일볼(Oil Ball)의 원인이 이것이다. ⑷는 불가항력에 의해 일어나며, 이것은 기름 그 자체가 흘러나오기 때문에 피해가 크다.

세계 최대의 해난 사고가 1967년 3월에 일어났다. 트리캐니언호가 원유 12만 톤을 싣고 영국 남단을 항해하던 중에 암초에 부딪쳐 선체가 절단되었다. 그 결과 8만 톤의 원유가 흘러나왔다. 그 원유를 처리제로 처리하고, 배에 남은 기름이 흘러나오는 것을 막기 위해 비행기로 배를 폭파하여 태웠다. 그러나 약 2만 톤의 원유가 해안에 도착하여, 영국과 프랑스 해안이 약 300㎞에 걸쳐 오염되어 큰 문제가 되었다.

일본에서의 탱커 사고는 1971년 11월에 일어났다. 유리아나

호가 Niigata항에서 좌초하여 선체가 2개가 되었다. 그 때문에 약 6,000톤의 원유가 흘러나와 큰 소동이 일어났다. 이때 폭파가 강했기에 오일펜스는 전혀 도움이 되지 않았다. 그래서 처리제를 대량으로 사용하고, 또 '거적'에 기름을 흡착시키는 방법 등을 사용해 1개월 이상에 걸쳐 유출유를 처리했다.

〈기타의 오염〉 기름의 오염은 배에서 나온 것이 대부분이지만, 기타 다른 원인도 있다. 그 첫 번째는 공장이다. 이것에는 기름을 처리하는 공장, 연료로 기름을 사용하는 공장 등이 있다. 폐유를 생산하는 경우에는 공장에 그 처리 장치가 있고, 보통 공장에서 기름이 흘러나오는 일은 없다. 흘러나온 것은 취급 부주의의 경우이고, 적어도 대량의 기름을 공장에서 유출하는 일은 없다.

제2의 원인은 해양석유 개발 시 작업 실패에 의해 일어난다. 작업할 때에는 해저하로부터 석유가 분출하지 않도록 장치와 방법을 사용하여 충분히 주의하지만, 뜻하지 않은 사고로 기름이 해면에 분출되는 일이 있다. 수년 전에는 이와 같은 사고가 세계에서 1년에 1회 정도 일어났다. 그 후에 이것에 관한 기술이 진보하였고, 현재 이와 같은 사고는 한층 적어졌다.

3. 오염의 방지

오염의 방지에 대해서는 다음과 같은 방법이 고려되며 실행되고 있다.

A. 폐수 처리

공장 폐수 및 도시 하수는 다음의 방법으로 처리된다. 이것은 특수한 기술이고, 또 육상에서 사용하고 있기 때문에 간단한 설명으로 한정한다.

〈생물 처리법〉 이것은 유기물의 처리에 적합하며, 다음의 2가지 방법이 있다.

⑴ 활성 슬러지법: 처리해야 할 물질을 공기에 접촉해, 주로 호기성 박테리아에 의해 처리한다. 유기물을 이산화탄소, 질소 가스 등으로 바꾼다.

⑵ 염기성 소화법: 처리해야 할 물질을 공기에 접촉하지 않도록 하고, 염기성 박테리아에 의해 처리한다. 유기물을 이산화탄소, 메탄, 암모니아 등으로 바꾼다.

〈물리, 화학적 처리법〉 다음과 같은 방법이 있고, 대부분의 경우 이 중 2개 이상을 병용한다.

- 응집침강: 처리해야 할 폐수에 응집제를 가하고, 미립자를 큰 덩어리로 만들어 침전시킨다.
- 탈수여과: 폐수를 미소한 구멍이 뚫린 물질에 넣고 압력을 주어 통과시켜, 고형물과 물로 분리한다.
- 원심분리: 폐수에 원심력을 주어, 물보다 무거운 물질을 분리한다.
- 건조: 폐기 물질에 열을 가해 수분을 제거한다.
- 연소: 수분이 적은 물질을 태운다.

〈폐수에 관한 마음가짐〉 과거에 특히 화학공장에서는 바다를 쓰레기 처리장으로 알고, 공장에서 나오는 불필요한 물질을(독성을 포함하고 있어도) 바다에 흘려보냈다. 그 결과 일본 각지에서 죽음으로 이어지는 병이 발생했다. 이와 같은 것은 앞으로는 허가되지 말아야 한다. 이들 폐수 중에서 특히 독성이 강한 것은 수은, 카드뮴, PCB 등이다. 지금까지의 무책임한 방법을 반성하고, 앞으로는 폐수(공장 폐수, 도시 하수)를 다음과 같은 마음가짐으로 처리해야 한다.

⑴ 폐수는 육상에서 가능한 처리를 행하고, 강 또는 바다로 흘려보내는 것을 최소한도로 한다. 특히 독성이 있는 물질을 완전히 제거하고, 안전한 물로 흘려보낸다.

⑵ 폐수는 바다의 자연환경을 절대로 망가트리지 않는 양일 것. 바다에는 자연의 정화작용이 있기 때문에, 폐수의 질과 양은 그 작용의 한도를 넘지 않는 것으로 해야 한다.

⑶ 특히 화학공업에 관련 있는 기업의 경영자 및 기술자는 폐수처리에 대해서 실수 없는 방법을 실행해야 하고, 국가는 항상 이들 기업을 감시해야 한다.

⑷ 특히 아름다운 바다를 지키는 것은 우리들의 생명을 지키는 것과 연결된다. 이 좁은 섬나라의 육지에서 독을 버리면 이것이 흘러서 바다에 들어가고, 다음에 수산물이 되어 우리들의 체내에 들어오기 때문이다. 그래서 바다를 오염시키지 않기 위해서는 먼저 육지를 아름답게 하는 것에서부터 시작해야 한다. 국민 전부가 이것을 잊어버리지 말고 일상생활에서 정신 차려야겠다.

B. 기름의 처리

〈유출유의 처리〉 배에서 기름이 유출되는 것은 해난 사고의 경우이지만, 이것 이외에도 탱커에서 기름을 육지로 보낼 때 밸브를 잠그는 것을 잊기도 하며, 알지 못하는 사이에 호스가 빠지기도 하여 기름이 유출되는 일이 있다. 이 경우에는 오일펜스로 기름을 둘러싸고, 기름이 퍼지지 않도록 한다. 그러나 이것은 풍파가 강할 때에는 전혀 도움이 되지 않는다. 해면 위의 기름을 긁어모으는 장치를 설비한 배가 사용되는 일이 많다. 해면 위에 퍼진 기름을 모으는 것은 간단하지 않다. 원시적으로 보여도 의외로 유효한 것은 '짚'이나 '왕골'을 해면에 뿌려서, 그것에 기름을 흡착시켜 모으는 일이다. 다음과 같은 화학적 처리도 자주 행해진다.

분산제를 수면의 기름에 뿌려서 기름을 미립자로 분산시킨다. 또는 침강제를 사용하여 기름을 해저로 침강시킨다. 단, 이 경우는 조개류에 해를 주기 때문에 바람직하지 않다.

〈공장에서의 처리〉 공장에서 기름 그 자체가 유출되는 것은 드물고, 보통은 물에 기름이 섞여 폐수가 되어 유출되는 일이 많다. 이 경우에 기름은 에멀션 상태로 되어 있는 것이 많다. 그 때문에 에멀션을 파괴하여 물과 기름을 분리하는 일이 필요하게 된다. 이 방법에는 가열처리, 화학적 처리, 전기적 처리, 원심분리 등의 방법이 있다.

〈국제 조약〉 배에 의한 해수의 오탁은 비교적 좁은 바다에 다수의 국가가 모여 있는 유럽에서 일찍부터 문제가 되었다. 1958년에는 「해수의 오탁방지를 위한 국제조약」이 체결되었다.

그 후, 이 조약에 관해서 IMCO(정부 간 해사협의기관)의 주최 아래에 국제회의가 열려, 이것이 개정되어 1967년에 개정 조약의 효력이 발생했다. 이 조약은 (a) 배에서의 기름 배출 규제, (b) 선장에 대한 기름 취급작업의 기록 의무, (c) 국가는 폐유 처리시설의 설치를 촉진할 것의 3가지 점을 주요한 내용으로 삼고 있다.

〈오탁방지법〉 앞의 「해수의 오탁방지를 위한 국제조약」은 일본에서도 비준되었고, 이 조약의 내용은 「유탁방지법」에 포함되어, 1967년 이후 일본에서도 실시되고 있다. 주요한 내용을 기술하면 다음과 같다.

(1) 배에서 배출 금지되는 기름은 원유, 중유, 윤활유 및 이들의 기름을 포함하는 유성혼합물이다.

(2) 배출 금지 해역은 일본에서는 해안으로부터 50해리 이내의 해역이다. 단 총톤수 2만 톤 이상의 배는 어떠한 해역에서도 기름을 배출해서는 안 된다.

(3) 탱커 이외의 배는 총톤수 5,000톤 이상일 것, 탱커에서는 총톤수 150톤 이상일 것.

(4) 기름의 배출이 금지된 배는 빌지 배출방지 장치를 설치해야 한다. 이것은 누유방지 장치, 유분 분리기 또는 빌지 저장 장치를 말한다.

(5) 배에는 기름 기록부를 준비하여 기록하고, 2년간 보관한다.

(6) 운수성 장관은 항만관리자에 대해서 폐유 처리시설을 정비하는 것을 권고할 수 있다.

〈장래의 방향〉 위의 설명에서 독자는 유탁방지를 적용받지 않는 배가 다수 있는 것에 정신을 차렸겠다. 일본에는 어선 기타 500톤 이하의 배가 매우 많기 때문이다. 버려지는 기름의 양이 배 1척당은 적어도, 전부 합하면 다량이 되는 것에 주의해야 한다. 이것 이외에 적용 제외라는 규정이 있고, 예를 들면 목적항에 폐유 처리 장치가 없으면 도중에 기름을 버려도 된다는 의미의 것이 기술되어 있다. 이와 같은 내용을 알면, 유탁방지법은 구멍 뚫린 법률인 것처럼 볼 수 있다.

그러나 IMCO에서 이미 해수 오탁방지 조약의 내용이 너무 느슨하다는 것이 인정되어, 조약의 개정이 진행되고 있다. 일본의 오탁방지법도 가장 적극적으로 바다의 오염을 막는 방향으로 고쳐야 할 것이다.

극히 최근에 이르기까지 배에서 기름을 버리는 것은 그다지 제한이 없었다. 그 때문에 기름에 의한 일본 근해의 오염은 심해져, 이미 각지의 해안이 오염되고 있다. 이것에 관해서 국가는 규제를 강화해야 한다. 그러나 한편에서, 폐유 처리 장치 등의 필요한 시설에 대해서는 국가가 충분한 돈을 내야 한다. 바다의 오염을 없애는 데 국민 전부가 한마음이 되어 적극적으로 실행하지 않으면 아름다운 바다를 되돌리는 것은 어렵다.

C. 방사능에 의한 오염

현재까지 일본에서 방사능에 의한 오염이 넓게 발생한 사실은 없다. 그러나 앞으로는 원자력 발전소가 각지에 건설되고, 또한 바다와 관계가 많기 때문에, 방사능에 대해서 어느 정도의 지식을 가지는 것이 필요하다.

원자력 시설(원자력 발전소, 핵연료 공장, 연구소 등)에 관계있는 방사능에 관해서 다음에 기술한다.

⑴ 원자력 시설에 대해서 방사능에 대한 안전성은 충분히 고려되고 있다. 인체에 대한 방사능의 무서움에 관해서는 이전부터 알려져 있기 때문에 그 대책이 잘 마련되어 있다.

⑵ 원자력 시설에서 위험이 없는 방사성 폐액이 바다로 버려지고 있다. 이것은 낮은 농도로 희석되고 있기 때문에, 해수에는 전혀 위험이 없다.

⑶ 일반적으로 바다 생물에게는 방사성 물질이 축적된다. '오랫동안 생물의 체내에 방사성 물질이 점차 쌓여가는 것은 아닌가?' 하는 염려가 있다. 한편, 바다에 버려지는 경우에 자연의 방사능과 같은 정도로 희석되고 있으면 전혀 걱정하지 않아도 된다.

⑷ 방사성 고체 폐기물의 심해 투기

고체 폐기물은 콘크리트로 뭉쳐 드럼통에 채운다. 장래, 일본에서는 이것을 심해에 버릴 수 있다. 이것이 안전할 것인가? 염려된다. 유럽에서는 2,700m보다 깊은 심해에 이미 수천 톤의 폐기물을 버렸다. 일본에서도 이것을 행한다면 심해 상태를 자세하게 조사하여, 폐기물이 인간의 생명에 절대로 위험을 미치지 않는 것을 확인해야 한다.

해양에서의 방사능 오염에 관해서는 냉정하게 판단하여 필요한 연구는 빨리해 안전성을 확보해야 한다. 특히 일본 가까이 있는 심해는 지금까지 거의 연구되어 있지 않기 때문에, 심해 그 자체의 연구를 서둘러야 한다.

D. 해양투기 규제조약

아름다운 해양을 지키기 위하여 해양에 물건을 버리는 것을 금지하려고 하는 움직임은 수년 전부터 세계 각국에서 일어났고, 그것에 관해서 조약이 검토되고 있다. 1972년 6월 스톡홀름에서 국제연합의 제1회 인간환경회의가 열렸다. 이 회의의 권고에 근거하여, 해양투기 규제조약 회의가 1972년 10~11월에 런던에서 열렸고, 조약이 작성되었다. 이 조약의 요점은 다음과 같다.

⑴ 이 조약의 체약국은 해양환경의 모든 오염원의 규제를 해야 하며, 인간 및 해양생물에게 해를 주는 폐기물, 또는 해양의 쾌적한 환경을 망가뜨릴 위험이 있는 폐기물에 의한 해양오염을 방지해야 한다.

⑵ 체약국은 물질에 따라서 다음의 장치를 행해야 한다.

ⓐ 투기가 금지되는 물질

유기할로겐 화합물, 수은 및 수은 화합물, 카드뮴 및 카드뮴 화합물, 내구성 플라스틱, 원유, 중유, 윤활유 및 이들을 포함하는 혼합물, 방사성 폐기물 등.

ⓑ 투기에 사전 허가를 필요로 하는 것

비소, 납, 동, 아연, 유기 실리콘 화합물, 사이안 화합물, 플루오린화물, 헬륨, 크로뮴, 니켈, 바나듐, 산 및 알칼리 등.

⑶ 투기를 허가하는 경우에는 다음의 것을 고려해야 한다.

ⓐ 물질의 특성과 성분

투기물의 총량과 평균적 성분, 형체, 물리적, 화학적 또는 생화학적 특성, 독성, 지속성, 수중에서의 화학작용, 수중

자원의 시장성을 감소시킬 가능성 등.

ⓑ 투기 해역의 특성과 투기 방법

위치, 깊이, 연안으로부터의 거리, 해수의 성질(온도, DO, COD, BOD 등), 일정 기간마다 투기량, 포장 방법, 투기물의 이동성 등.

ⓒ 일반적 고찰

해수로의 영향(색, 탁도, 냄새, 거품 등), 해중 생물에 대한 영향, 기타 바다의 이용에 대한 영향, 육상에서의 처리 가능성 등.

4. 아름다운 해양을 지키기 위하여

지금까지 바다 오염의 원인이나 그 대책에 관해서 설명하고, 국가의 감독 등에 대해 설명했다. 그 정리로 아름다운 바다를 지키기 위하여 무엇을 하면 좋은가 생각해 보기로 한다. 지금까지의 설명에서 얻은 지식으로부터 구체적인 방법을 유도해 보면 다음과 같다.

〈해수 오염의 원인을 제거할 것〉 현재 일본에서 해수 오염의 최대 원인은 육상에서의 공장 폐수, 도시 하수 및 해상에서의 배의 기름이다. 지금까지는 이것에 관해서 사람들이 무관심하였기 때문에, 각지에서 피해가 발생했다.

이와 같은 해수 오염의 원인을 제거하기 위해서는 다음의 것을 실행해야 한다.

① 인체 또는 해중 생물에 대해서 유해가 되는 물질(기름을 포함)을 강 또는 바다에 흘려보내는 것을 금지해야 한다.

② 유해하지 않은 물질을 자연의 정화작용이 행해지는 범위에서 강 또는 바다로 흘려보내는 것을 조건으로 하여 허가해야 한다.

이것을 실행하는 데는 폐수 처리시설이 정비되는 것이 필요하지만, 폐수를 생산하는 회사가 이것에 대해 책임을 지는 것은 말할 필요도 없다. 이것을 국가가 완전히 감시해야 하지만, 필요한 경우에는 시설 건설에 대해 국가가 보조금을 내기도 하며 지도한다.

해수 오염의 원인을 만들지 않는 것에 대해서는 모든 사람이 주의해야 한다. 예를 들면 육상에서 비닐 주머니를 무의식적으로 버리는 일도 허락되지 않는다. 이것이 바다까지 흘러가서 바다를 오염시키기 때문이다. 또 바다에 작은 어선, 예를 들면 빌지를 버리는 것은 허락되면 안 된다. 이것은 소량이라도, 다수의 어선이 그것을 행하면 해수를 오염시키는 원인이 되기 때문이다.

〈질서 있는 연안 개발〉 지금까지는 특정 산업이 이익을 얻기 위하여 연안 개발이 행해졌지만, 앞으로는 국가 전체적으로 보아 올바른 개발을 행한다. 그중에서도 바다의 아름다움을 지키는 것을 최종점으로 취급한다. 이때에는 기본적인 조사를 여러 각도에서 면밀한 계획을 세워 행해야 하지만, 이것은 국가가 감독하고 지도한다.

예를 들면 매립, 해저의 준설, 인공섬의 건설 등에 의해 해류가 바뀌기도 하고 해중 환경을 변화시키는 일도 있다. 이 때문에 모래사장이 침식되기도 하고, 태풍 때문에 높은 파도가 밀려오기도 하며, 어류가 자취를 감추기도 한다. 이것을 방지하기 위해 해상, 해중 식물에 관해 자세한 조사 및 해안 모형에 의한 연구가 필요하다.

〈근해 및 심해의 조사〉 주로 수산 자원, 광물 자원 개발의 입장에서 근해의 기초적인 조사를 행한다. 그 결과를 사용하여 지금까지의 '잡는 어업'으로부터 자연의 조화를 유지하는 어업 또는 양식어업으로 방향을 바꾼다. 혹은 21세기의 자원인 해양 광물에 대해서 큰 전망을 세운다.

이상은 모두 근해에서, 어떻게 자연을 파괴하지 않고 개발하는가 하는 것을 조사의 목적으로 한다.

원자력 발전에 관계하여 심해의 이용이 구체적인 문제가 되고 있음에도 불구하고, 일본은 심해에서 많은 조사를 하고 있지 않다. 앞으로 100년이나 1000년이나 아름다운 바다를 유지하기 위해서는 심해를 어떻게 이용해야 하는가를 충분히 고려할 필요가 있다. 이것을 위해서는 심해에서 물의 물성, 해류 등을 포함한 학문적 조사를 신속하게 행해야 한다.

〈해양개발의 근본정신〉 이번 장에서는 아름다운 바다를 지키기 위해 해결해야 할 많은 문제가 있다는 것을 설명했다. 이 장의 결론으로서, 우리들은 어떤 생각으로 바다에 접해야 하는가를 되돌아보기 바란다.

과거에는 일부 사람만이 자기들만을 위해 바다를 이용하고, 바다를 오염시켜 왔다. 앞으로는 이와 같은 것이 허용돼서는 안 된다. 그러면 어떤 생각으로 해양개발을 해야 하는지 1장에서 설명한 해양개발의 근본정신을 생각하기 바란다.

즉 "인류 전체가 현재만이 아니라 장래에 대해서, 바다의 아름다움을 지키면서 바다를 이용한다." 이것이야말로 앞으로 우리들이 앞으로 나아가야 할 방향이다.

6장
산업으로서의 해양개발

1. 산업의 경제적 판단

〈산업의 분류〉 해양개발 산업을 다음의 3가지로 나눌 수 있다.

(1) 육지의 산업과 직접적으로는 경쟁 관계에 있지 않은 산업: 수산업, 해운업 등

(2) 육지의 산업과 직접적으로 경쟁 관계에 있는 산업: 석유, 고체 광물 개발 등

(3) 해양개발 산업의 일부만을 담당하는 산업: 기계 제조업, 철광업 등

이 중 (1)은 바다의 특색을 자유롭게 사용할 수 있는 산업이다. (2)는 높은 기술 수준을 갖지 않으면 육지의 산업과 경쟁할 수 없는 산업이다. (3)은 해양개발에 사용되는 장치나 재료 등을 담당하는 산업이다. 이 중 (1)은 새로운 해양개발이 아니기 때문에 생략하고, (2)와 (3)을 취급하기로 한다.

〈육지의 산업과 경쟁 관계에 있는 산업〉 육지의 산업과 비교하여 해양개발 산업에 특별히 요구되는 조건은 다음의 3가지이다.

① 특별한 장치가 필요하다. 예를 들면 육지에서는 전혀 필요하지 않은 작업대 등이 필요하다(그림 6-1).

② 특별한 기술을 필요로 한다. 해양에서는 험한 조건에 견디기

〈그림 6-1〉 해양개발에 사용되는 장치

위한 기술이 필요하다.

③ 해양에서는 장치 및 작업에 높은 안전성이 요구된다.

이들 항목은 해양 산업이 육지 산업과 비교해 불리한 조건이 많은 것을 나타낸다.

그래서 해양 산업에는 다음의 2항목이 요구된다.

ⓐ 경비를 적게 하기 위하여 연속운전, 자동화, 원격조작 등을 채용한다.

ⓑ 장치, 작업 등에 대한 지출이 크기 때문에 큰 수입이 필요하다.

이상과 같이 판단하면, 육상의 산업과 경쟁 관계에 있는 해양개발 산업에서는 이익을 내는 것이 쉽지 않고, 기업의 경영이 어렵다.

〈해양개발 산업의 일부를 담당하는 산업〉 이것에 속하는 것은 철강, 비철금속, 전기재료, 조사기기, 페인트 등을 생산하는 산업이다. 재료에서부터 해양개발을 보면 다음과 같은 특색이 있다.

① 양질의 재료가 필요하다.

② 재료가 상처 나기 쉽다.

③ 특별히 값비싼 재료가 필요해지는 일이 많다.

해양개발 재료 취급자에게는 천국인 셈이다.

재료 이외에도 건설업, 기계공업 등도 해양개발 산업의 일부를 담당하는 산업이기 때문에, 경제적 위험성을 받는 일은 적다.

일반적으로 산업으로서 성립하기 위해서는 경제성이 요구되지만, 이상과 같이 해양개발은 담당하는 분야에 따라 판단이 역이 된다. 즉 담당하는 분야를 분명히 하지 않고, 해양개발이 경제적으로 유리한가 불리한가를 논하는 것은 잘못된 것이다.

2. 광물 자원 개발

A. 광물 자원 개발의 현상

해양에서 광물은 존재 상태에 의해 다음의 2가지로 나뉜다.

① 해저표사 광물(해저에 입자 상태로 존재하는 것)

② 해저하 광물(해저하에 층상 또는 불규칙한 상태로 매장되어 있는 것)

해저표사 광물

〈모래, 자갈〉 모래와 자갈은 해저의 광물 자원에서 가장 가까이 있는 것으로 생산량이 가장 많다. 이것은 토목-건축의 재료로써 사용된다. 최근에는 모래, 자갈의 육지 생산이 적어졌기 때문에, 바다의 것이 주목받기 시작했다. 모래에서도 규사는 유리의 원료가 되며, 주물사로서도 이용된다.

〈석회질 패각〉 이것은 시멘트의 원료가 된다. 일본에서는 육지에 석회석이 있기 때문에 바다에서 구하지 않지만, 미국에서는 중요한 해양자원으로서 각지에서 채굴되고 있다.

〈주석〉 인도네시아, 태국, 말레이시아에서는 해저로부터 주석이 채굴되고 있다. 현재 채굴되고 있는 것은 수심 10~20m의 범위이고, 준설기가 사용되고 있다.

〈무거운 광물〉 호주의 각지에서 지르콘, 일메나이트(Ilmenite), 모나즈석 등의 비중이 큰 광물이 해저에서 채굴되고 있다. 미국 알래스카 앞바다에는 금이나 백금 자원이 있는 것이 확인되고 있지만, 아직 조사하고 있다.

〈다이아몬드〉 아프리카의 남서부 앞바다에는 풍부한 다이아몬드 자원이 있다. 다이아몬드는 모래나 자갈 속에 섞여 존재하고 있고, 현재는 수심 10~15m의 장소에서 채굴되고 있다. 채굴법은 배에서 드레징(Dredging)하거나 또는 에어리프트로 들어 올리는 것이다. 최근에는 연간 20만 캐럿 이상의 다이아몬드가 아프리카 앞바다에서 생산되고 있다.

〈사철〉 일본의 해저에는 상당히 풍부한 사철 자원이 있다.

수심 5~15m의 장소에서 샌드펌프로 빨아올린다. 이전에는 각지에서 채굴되고 있었지만, 경제적인 이유로 퍼 올리지 않게 되어 현재에는 불과 몇 곳밖에 생산되고 있지 않다.

〈인회석〉 미국, 페루, 칠레, 아르헨티나 등에서 인회석 자원이 발견되고 있지만, 아직 채굴되는 단계까지는 이르지 못하고 있다.

〈망가니즈단괴〉 세계의 심해에서 망가니즈단괴(Manganese Nodule)가 발견되고 있다. 이것은 망가니즈를 주성분으로 하지만 철, 구리, 코발트, 니켈, 규소 등을 포함하고, 그 성분은 장소에 따라 상당히 다르다. 형태는 불규칙한 것이 있지만 구형의 것은 지름 1~10㎝인 것이 많다. 일반적으로 심해에 존재하며, 수심 4,000~6,000m에서 많이 발견되고 있다. 현재는 망가니즈단괴에 대해서 조사하고 있고, 아직 채굴에는 이르지 못하고 있다. 그 이유는 다음과 같은 것이다.

⑴ 심해에 존재하기 때문에 경제적인 채굴이 어렵다.

⑵ 육상의 광석에 비해, 금속의 함유율이 반드시 높지는 않다.

⑶ 각 성분을 분리하여 제련하는 기술이 아직 확립되지 않았다.

망가니즈단괴의 생성 요인에 관해서는 많은 의견이 있고, 분명히 정해져 있지 않다. 어떤 의견은 해수 중의 2가 망가니즈 이온이 해저에서 철수산화물 콜로이드의 촉매작용에 의해 4가 망가니즈가 되어 산화물로 침전한다는 것이다. 망가니즈단괴가 성장하기 위해서는 박테리아의 작용이 필요하다고도 생각할 수 있다. 그 성분으로 되어 있는 망가니즈, 철, 구리, 니켈 등의 금속이 어디서부터 온 것인가는 분명하지 않다. 이것에 대해서 ① 육지로부터 왔다, ② 해저의 화산으로부터 왔다, ③ 온천의 작용에 의한다 등의 설이 있고, 아직 어느 것도 확실하지 않다.

이상, 필요로 하는 망가니즈단괴는 분명히 바닷속에 있음에도 불구하고 그 생성 요인은 '바다의 것으로도, 산의 것으로도 알 수 없고' 분명하지 않다. 생성 요인이 분명하면 망가니즈나 구리의 함유율이 높은 것을 발견하는 것이 용이해져, 경제적인 가치가 높아질지도 모른다.

해저에 이런 미지의 것이 굴러다니고 있기 때문에 해양개발이 즐거운 것이다.

특히 일본에서는 금속 자원이 부족하기 때문에, 장래의 금속 자원으로서 비교적 일본에서 가까운 심해의 망가니즈단괴에 대한 적극적인 조사가 강하게 요구된다.

해저하 광물

〈석탄〉 해저하의 석탄은 육지에서 갱도를 파서 채굴한다. 그래서 현재 개발되고 있는 것은 육지 가까이에 있는 해저 석탄뿐이다. 이 방법이 행해지고 있는 것은 일본, 영국, 캐나다 등이다.

〈황〉 미국 루이지애나주 앞바다의 수심 18m에 황 광산이 있다. 황은 상온에서는 고체이지만, 열을 가하면 액체가 되기 때문에 석유와 거의 같은 방법으로 개발할 수 있다. 먼저 작업대를 건설하고 그곳에다 우물을 판다. 다음에 온도 160℃의 수증기를 보내면 유황이 액체가 되며, 그것을 에어리프트로 빨아올린다. 이 방법을 행하면 경제적으로 채굴할 수 있기 때문에

〈표 6-1〉 해저하 광물의 세계 연간 생산액

분류	광물	생산액 100만 달러	비율 (%)
해저	모래, 모래자갈	150	3.32
	석탄사 및 패각	30	0.66
	주석	24.2	0.54
	타이타늄, 실리콘, 모나즈석	13.1	0.29
	산호	7	0.16
	다이아몬드	4	0.09
	사철	2	0.04
	바라이트	1.5	0.03
	계	231.8	5.13
해저하	석유, 천연가스	3,900	86.26
	석탄	335	7.40
	황	37.3	0.83
	철광석	17	0.38
	계	4,289.3	94.87
합계		4,521.1	100.00

육상의 황과 경쟁할 수 있다.

〈석유, 천연가스〉 이것에 관해서는 자세하게 설명할 필요가 있기 때문에, 절을 고쳐서 6장 3절에서 설명하기로 한다.

B. 해저광물의 생산액

해저광물의 세계 생산액을 〈표 6-1〉에 나타냈다. 얕은 곳에 있고 채굴하기 쉽기 때문에, 모래와 자갈 생산량이 상당하다. 석회사, 패각 및 주석이 이것에 뒤따르고 있다. 해저하로부터 생산되는 많은 것은 석유와 천연가스이고, 전체의 86%를 차지하고 있다. 해저하의 석탄은 육지에서 채굴되고 있고 육상의 채굴법과 거의 다름이 없기 때문에, 이것을 해저광물에서 빼면 석유, 천연가스는 전체의 93%를 차지한다.

이처럼 해저광물에서 석유, 천연가스가 생산량의 대부분을 차지하는 이유는(나중에 설명), 이들이 해저에 많이 존재하며 또 생산이 세상으로부터 강하게 요망되고 있기 때문이다. 그래서 석유, 천연가스의 생산량은 앞으로도 급상승할 것이고, 다른 광물도 완만하지만 상승할 것이다.

C. 채굴 방법

원칙 해저광물의 생산에 관해서는 원칙이 있고, 이것은 경제적으로 연결된 것이다. 먼저 채굴 방법은 연속적인 것이 요구된다. 이것은 가능한 한 다량으로 저렴하게 채굴하기 위함이다. 대부분의 경우 해면까지의 운반도 연속 작업이 요구된다(해양에서는 채굴과 운반이 동시에 행해지는 일이 많다). 단가가 비싼 금, 백금, 다이아몬드는 반드시 연속 작업이 아니어도 괜찮다.

제2원칙으로서는, 채굴된 광물의 가격이 육상의 광물보다 비싸지 않아야 한다. 만약 육상 광물보다 비싸면 돌아보지도 않는다. 일반적으로 해양 쪽이 채굴비가 많이 들기 때문에, 이 조건은 생산자에게 중요하다.

해저광물 채굴해야 할 광물의 종류, 채굴하는 장소의 해양 조건, 특히 깊이에 따라 채굴 방법이 다르다. 여기서는 주로 해저의 사질광물 채굴에 대해서 고려한다. 이것은 보통 준설기에 의해 채굴된다. 준설기란 다음에 나타낸 장치를 가진 배 또는 바지이다.

(1) 연속 버킷(Bucket): 용량 0.1㎥ 정도의 버킷을 30~50개 연결해 그것을 연속적으로 운전하여, 해저에서 광물을 긁어모아 들어 올린다. 이 방법은 보통 수심 20m까지밖에 사용할 수 없다.

(2) 펌프: 해저에서 광물을 해수와 함께 퍼 올려 운반한다. 펌프의 종류에 따라 다르지만 보통은 수심 50m까지밖에 사용할 수 없다.

(3) 그랩 버킷: 용량 10,000㎥ 또는 그 이상의 그랩 버킷으로 광물을 퍼 올린다. 이 방법은 수심에 그다지 영향을 받지 않지만 조작은 연속이 아니다.

(4) 에어리프트: 수직파이프 중간에 압축 공기를 불어넣어 수직파이프를 통해서 해수와 광물을 퍼 올린다.

이상은 얕은 해저에서 광물을 채취하는 방법이다. 망가니즈 단괴같이 수심 수천 미터의 해저에 존재하는 광물 채굴에는 문제가 많이 있고, 또 방법도 많다. 예를 들면 연속 버킷을 사용하는 방법, 또는 에어리프트를 사용하는 방법 등이 있다. 현재는 아직 실제로 채굴되지 않고, 각 종류의 방법이 연구되고 있다.

해저하 광물 해저하 광물의 채굴을 사람이 직접 들어가 행하면 채굴 비용이 매우 비싸진다. 현재는 해저하의 광물로 채굴되는 것은 유체 또는 간단하게 유체가 되는 석유, 천연가스, 황에 한정되고 있다. 고체 광물의 채굴 및 운반의 연속 작업을 행하는 것은 현재는 곤란하다.

D. 광물 자원 개발의 장래성

유체이고, 사회의 요구도가 높은 점에서 해양 광물 자원 중 석유, 천연가스가 압도적으로 많다. 이것은 21세기에도 계속될 것이다. 다음에는 무엇이 많이 개발될까? 역시 육지에서 점차 얻기 어렵게 되는 것이다. 일본에서는 모래, 자갈이 급속하게 증가하겠다. 해저에서 채굴된 모래, 자갈은 사용하기 전에 맑은 물로 씻어야 하지만, 육지에서 진흙이 붙은 모래, 자갈을 씻는 것보다 훨씬 간단하다. 모래, 자갈의 채취에 의해 해양 환경을 파괴하지 않도록 충분히 주의하는 것이 중요하다.

장래의 광물로 기대되는 것이 망가니즈단괴이다. 특히 일본에서는 금속 자원이 이미 부족하기 때문에 망가니즈단괴에 주목할 필요가 있다. 먼저 일본 근해에 대한 정밀한 조사를 행하는 것이 우선이지만, 이 조사에는 10년 이상이 걸린다. 그다음에는 망가니즈단괴의 경제적인 채굴 방법 연구가 필요하다.

3. 석유 개발

A. 개발의 순서

해양석유 개발에 관한 자세한 내용은 전문서에 양보하기로 하고, 여기서는 간단하게 대략을 설명하기로 한다. 석유 개발을 하는 데는, 먼저 광구를 손에 넣어야 한다. 이것이 현재는 해양에서도 매우 곤란해졌다. 조건이 좋은 광구는 좀처럼 발견되지 않고, 또 있어도 가격이 매우 비싸다.

광구를 손에 넣으면 물리 탐사를 행한다. 이것에는 수 종류의 방법이 있지만, 보통은 2종류 이상의 조사를 행하여 해저하의 지질구조를 조사한다. 이것은 간접조사이기 때문에 석유의 존재를 확인할 수 없다. 직접조사를 위해서는 우물의 굴삭을 행한다. 이렇게 시굴로 굴삭된 우물을 시굴정이라고 한다. 시굴은 이동식 작업대로 행해진다.

만약 해저하에 석유가 발견되면, 그 위에 고정식 작업대가 건설된다. 그리고 석유를 생산하기 위한 우물의 굴삭을 행한다. 이것을 채굴이라 한다. 석유가 존재하는 지층은 유층이다. 채굴은 유층에 도달하는 우물을 파는 것을 말한다. 석유 생산은 천연가스의 생산을 수반한다. 그래서 석유 개발은 천연가스 개발을 포함하는 일이 많다. 작업대 위에 생산설비가 건설된다. 이 설비는 생산량의 조절, 계량, 석유와 천연가스의 분리 등의 기능을 가진다. 생산된 석유, 천연가스는 파이프라인에 의해 육지로 운반되는 것이 보통이다.

B. 석유 개발이 해양에 적합한 이유

석유 개발은 많은 점에서 해양에 적합하지만, 그것은 다음의 이유에 의한다.

ⓐ 석유의 존재는 지질구조와 관계가 있다.
즉 석유는 넓은 범위에 걸쳐 부풀어 오른 구조에 존재한다. 그래서 석유의 발견이 비교적 용이하다.

ⓑ 조사에 비행기, 배를 사용할 수가 있다.
위의 이유로, 넓은 범위에 걸쳐 조사가 필요하다. 이 조사에는 비행기와 배를 사용할 수 있기 때문에 넓은 조사도 비교적 간단하게, 능률 높게 진행할 수 있다.

ⓒ 우물의 굴삭은 원격조작에 의해 행해진다.

해면 위에서 기계를 조작하고 있는 작업원과 실제로 지층을 파고들어가는 비트의 거리는 수백 미터, 또는 수천 미터나 떨어져 있다. 이것은 아무리 바다가 깊어도, 또 해저에서 유층까지 아무리 깊어도, 작업에 어려운 영향을 주지 않는다. 만약 우물의 굴삭이 터널 굴삭과 같이 지하에 들어가 작업하는 것이라면, 석유는 해양에서 개발되지 않았을 것이다.

ⓓ 생산은 자연의 압력으로 자동으로 행해진다.

석유는 유체이고, 유층의 압력은 일반적으로 높다. 그래서 유층과 해면을 연결하는 파이프 상단의 밸브를 열면 석유가 수천 미터 아래에서 자동으로 분출한다. 그래서 석유 생산은 해양에서도 간단히 행할 수 있다.

ⓔ 수송은 파이프라인에 의해 연속적으로 행해진다.

유층으로부터 올라온 석유는, 그대로 파이프라인을 통하여 육지로 보내지기 때문에 수송은 간단하다. 유전에서 직접 석유를 탱커에 싣는 경우에만 유전에 탱크를 건설한다.

ⓐ에서 ⓔ까지의 항목을 보면 석유의 자연 상태가 해양 조사에 적합할 뿐만 아니라, 그 개발 작업이 원격조작, 자동화, 연속 운전에 적합하다. 이것은 6장 1절에서의 경제적 판단에 의하면, 육상과의 경쟁에 이길 수 있는 조건이다. 즉 해양석유는 육상석유에 비해 생산비가 높지 않다. 한편 석유는 중요한 에너지 자원으로서 사회가 강하게 요망하는 물질이다.

이상의 이유로 석유 개발은 무리가 없는 형태로 해양개발과 연결되어 있다. 현재는 세계 석유 생산량의 20% 가까이가 해양

〈그림 6-2〉 이동식 작업대

에서 생산되고 있다. 그리고 이 비율은 점차로 높아지고 있다.

C. 세계 해양석유 개발의 연상

이동식 작업대 해양석유 개발의 상황을 아는 데는 이동식 작업대의 활동 정도를 아는 것이 가장 좋다. 이동식 작업대의 수는 유전 개발에 사용되고 있는 이동식 작업대의 수와 그 종류를 나타내는 것이다. 이것에 의하면, 현재 세계에서 사용 가능한 이동식 장치는 220개이고, 그중 가동 중인 것이 193개이다. 장치의 분류는 잠수식이 20개, Jack Up식(〈그림 6-2〉 참조)이 116개, 반잠수식(〈그림 6-3〉 참조)이 33개, 굴삭선(〈그림 6-4〉 참조)이 51개다. 각 구역에 따라 해양 조건이 다르기 때문에, 장치의 사용 상황에 특색이 있다. 세계에서 가장 많은 장치가 모여 있는 미국 루이지애나, 텍사스에서는 얕은 바다가 넓게 분포해 있기 때문에 여기서만 반잠수식이 사용되고 있다. 그러나 현재는 Jack Up식이 주체다. 아프리카나 중동에서도 Jack Up식이 주체고, 현재 개발되고 있는 해역이 깊지 않다는

〈그림 6-3〉 반잠수식 장치

〈그림 6-4〉 굴삭선

〈표 6-2〉 이동식 작업대(1973.06)

구역	가동	휴지	이동	합계	잠수	Jack Up	반잠수	배
미국 루이지애나	57	5	-	62	18	37	6	1
미국 텍사스	5	1	-	6	2	4	-	-
미국 태평양 안	2	4	-	6	-	1	-	5
아프리카	15	1	-	16	-	10	4	2
오스트레일리아	5	-	-	5	-	-	1	4
캐나다	4	7	-	11	-	6	4	1
카리브해	2	1	-	3	-	-	2	1
일본	3	-	-	3	-	-	2	1
지중해	12	-	-	12	-	4	2	6
멕시코	3	-	-	3	-	-	-	3
중동	22	2	1	25	-	24	-	1
북해	24	-	1	25	-	9	11	5
남아메리카	18	4	-	22	-	10	-	12
동남아시아	21	-	-	21	-	9	2	10
합계	193	25	2	220	20	114	30	52
건조 중	-	-	-	83	-	18	53	12

것을 나타내고 있다. 북해는 일반적으로 기후가 나쁘기 때문에, 이전에는 Jack Up식만 사용되어 왔다. 그러나 현재는 개발이 북부의 깊은 쪽으로 점차 진출하고 있기 때문에, 반잠수식과 배가 많이 사용되고 있다. 세계 반잠수식 장치의 1/3이 북해에서 사용되고 있는 것에 주목해야 한다. 한편, 굴삭선이 적극적으로 사용되고 있는 곳은 남아프리카와 동남아시아이다.

〈표 6-2〉에는 건설 중인 장치도 나타내고 있다. 이것에 의하면, 앞으로 이동 장치의 세계적인 경향은 반잠수식이 주체가

〈표 6-3〉 굴삭에 사용되는 고정식 작업대

	SC식	T식	합계
미국			
멕시코만	75	20	95
캘리포니아	12	-	12
알래스카	9	-	9
아프리카	1	5	6
오스트레일리아	3	-	3
캐나다	1	-	1
카리브해	6	-	6
유럽	14	1	15
극동	1	7	8
중동	5	10	15
남미	-	25	25
합계	127	68	195

될 것이라는 걸 상상할 수 있다.

고정식 작업대 발견된 해양유전의 개발에는 고정식 작업대를 사용하여, 생산정의 굴삭을 행하는 것이 보통이다. 이 경우 작업대에 작업에 필요한 모든 장치를 실어서 행하는 방법과 작업대에 최소한도의 장치만 올려놓고, 기타를 배(이것은 텐더라고 부른다)에 실어 작업을 행하는 방법이 있다. 전자를 SC식, 후자를 T식이라고 하면, 1973년 7월에 굴삭에 사용되고 있는 고정식 작업대는 〈표 6-3〉과 같이 된다. 끝난 고정식 작업대에는 생산설비가 장치되어, 석유의 생산이 행해진다.

〈생산량〉 해양의 석유 생산량은 〈표 6-4〉에 나타나 있다.

〈표 6-4〉 해양석유 생산량(1972)

구역	생산량(만 kℓ)
페르시아만	17,759
베네수엘라	16,768
미국	9,671
아프리카 서안	3,470
오스트레일리아	1,760
동남아시아	1,652
유럽	1,620
중미, 남미*	1,306
이집트	915
기타	20
합계	54,940

*베네수엘라 제외

이 표에서는 생산량이 많은 국가들과 기타로 정리하고 있다. 이것에 의하면, 페르시아만과 베네수엘라가 다른 국가보다 훨씬 많은 생산을 나타내고 있다. 1972년의 해양석유를 전년의 생산량과 비교하면, 세계 전체에서 8.4% 증가하고, 거의 모든 국가가 증산하고 있음에도 불구하고, 미국만 감산하고 있다.

〈매장량〉 해양석유가 앞으로 어느 정도 지속되는가 하는 것은 흥미로운 문제이다. 〈표 6-5〉는 1972년 말의 매장량을 나타낸다.

이것을 보고 놀라운 것은 전 세계 해양석유 매장량의 반 이상이 페르시아만에 집중하고 있는 것이다. 베네수엘라, 북해, 아프리카가 이것에 뒤를 잇고 있지만, 페르시아만의 매장량에 비하면 매우 적은 숫자에 지나지 않는다. 이 경향은 육지의 석

〈표 6-5〉 해양석유 매장량(1972)

구역		매장량(억 kℓ)
중동	페르시아만	138
	홍해	1.6
남미	베네수엘라	55
	기타	2.3
유럽	북해	19
	카스피해	2.4
	지중해	0.2
미국	루이지애나	8.2
	캘리포니아	6.5
	기타	1.0
멕시코		3.0
아프리카 서안		7.3
오스트레일리아		4.1
동남아시아		3.2
일본		0.2
합계		252

유도 유사한 상황이며, 세계적인 에너지 위기를 말하고 있는 현재, 중동에 경제적 및 정치적으로 큰 문제가 야기될 것을 예상할 수 있다.

아랍제국은 1973년 10월의 중동전쟁 이래 석유를 전략물자로 취급하고, 석유의 생산 제한 및 가격 인상을 적극적으로 행하기 시작했다. 이 때문에 세계 경제, 특히 국내 경제는 큰 영향을 받았다.

D. 해양개발 기술과 석유 개발의 관계

여기서 처음으로 돌아가, 해양개발의 기술 전체에 대해서 언급하고 싶다.

이미 설명한 것과 같이, 해양개발 기술의 범위는 매우 넓고, 이것을 구체적으로 나타내는 것은 어렵다. 그 속에는 조선공학, 해안공학과 같이 해양개발과의 경계를 분명히 나타낼 수 없는 것도 있다. 그래서 사람에 따라 해양개발의 범위가 상당히 다르다. 여기서 세계에서 가장 해양개발에 힘을 쏟고, 그 기술도 진보된 미국의 예를 들어 해양개발의 내용과 범위를 나타내고 싶다. 이것을 위해 매년 휴스턴에서 열리고 있는 해양기술회의(Offshore Technology Conference)의 내용을 간추려 본다. 여기서는 다수의 논문이 발표되었는데, 이들은 해양개발에서 가장 문제가 되는 것이다. 매년 같은 경향으로 논문이 발표되고 있기 때문에 이것을 분류해 본다. 여기서 발표된 175개의 논문을 내용에 의해 27개로 분류하고, 나아가 그것을 7개로 크게 나누면 다음과 같다.

① 조사기술에 관한 것: 해상, 해면 조사와 심해항행, 물리 탐사, 위치결정, 소나에 의한 측정, 해저지질, 해저토질

② 잠수에 관한 것: 잠수 작업, 해중 작업

③ 작업대에 관한 것: 기초, 고정식 작업대, 용접기술, 해중 구조물, 이동식 작업대

④ 해수의 작용에 관한 것: 파와 조류의 작용, 계류

⑤ 환경 문제에 관한 것: 환경 문제, 기름의 유출

⑥ 석유산업에 관한 것: 파이프라인, 굴삭장치, 굴삭 작업, 마린 라이저, 석유의 생산

⑦ 기타 산업에 관한 것: 해저광산, 항만의 설비, 수산 자원, 북극해의 기술

위의 항목을 보면 해양개발 기술에 대해서 이해할 수가 있다. 다음에 이것을 석유 개발 쪽에서 살펴보자.

위의 항목 중 석유 개발에 직접적으로 또는 간접적으로 관계하고 있는 것은 전체의 약 80%이다. 이 중에 해양석유 개발은 많은 기술의 도움을 받아서 행해진다. 역으로 말하면, 석유 개발에 필요한 기술의 대부분은 일반적으로 적용하는 기술이다. 이것이 석유 개발의 특색이고, 석유 개발이 해양에서 성대하게 행해지는 것과 일반의 해양개발 기술이 진보하는 이유이다.

예를 하나 들어보자. 미국 민간 잠수의 85%는 석유회사가 활용하고 있다. 석유 개발이 잠수기술을 기르고, 다른 산업이 잠수를 사용하는 것을 쉽게 하고 있다. 일본에서도 수심 50m가 넘는 잠수를 상시 사용하는 것은 석유회사뿐이다. 이것은 다른 산업, 예를 들면 해양토목이나 수산업이 필요한 경우 깊은 잠수를 사용하는 것을 쉽게 만들고 있다.

위와 같이 석유산업은 해양 작업에 사용하기 위하여 큰 투자를 하고, 필요한 장치를 준비하며, 또 새로운 기술을 개발한다. 다른 산업은 이 기술을 사용하여 유리하게 해양개발을 행하면 된다.

E. 장래의 해양석유 개발

과거 25년간 해양석유 개발의 역사를 돌아보아 장래에 진출할 쪽을 예상하면, 상당히 분명한 선이 나온다. 이것은 '점점 깊은 바다로 향한다'라는 것이다.

여기서 몇 년 전을 생각해 보자. 석유 개발이 해양으로 진출한 것으로, 한동안은 수심 20m까지밖에 개발 대상이 되지 않았다. 잠수식 작업대가 이 시기에 많이 사용되었다. Jack-Up 식이 사용되고 나서 수심 50m까지 개발 대상이 되었다. 1960년에는 수심 40m까지의 유전밖에 개발되지 않았다. 1960년대 중반부터 반잠수식이 사용되어 수심은 200m까지 확대되었다. 그러나 1970년에는 100m를 넘는 유전이 아직 없었다. 현재는 수심 100m에서의 유전은 희귀하지 않지만, 그 수는 아직 적다. 앞으로 한동안은 수심 50~150m의 범위가 가장 많고 석유 개발의 대상이 될 것이다.

깊은 바다가 개발의 대상이 된 이유는 뛰어난 성능의 이동식 작업대가 사용됐기 때문이다. 이것 이외에도 잠수기술의 진보는 깊은 해양의 개발을 쉽게 만들었다.

해양이 깊어지면서 생긴 기술적 문제의 하나는 '닻'이 소용이 없어지게 된다는 것이다. 이 때문에 다이내믹 포지션이 사용된다.

이 방법의 결점은 큰 동력이 있어야 하는 것이다. 수심이 200m를 넘는 경우에는 이 방법에 의존할 수밖에 없지만, 100~200m 부근에서는 지금까지의 방법과 비교하여 경제적으로 어느 쪽이 유리한가 하는 것이 문제가 된다.

바다가 깊어지면 석유 개발에 큰 고정식 작업대가 필요하게 되는 것이 어려움이다. 그래서 작업대를 사용하지 않는 개발 방법이 고안되고 있다. 이것이 석유 우물의 해중 끝마무리법이다.

이것은 기술적으로는 완성되어 있지만, 경제적으로는 문제가 있다. 가까운 장래에 해중 퍼올림에 관련한 기술이 가장 집중적으로 논의되겠다.

4. 해양토목

일본의 결점은 육지가 좁은 것이다. 그래서 적극적으로 '해양공간의 이용(4장)'을 첫 번째로 고려할 수 있다. 이 이유로 해양개발에서는 해양토목이 가장 중요시된다. 해양토목과 육상의 토목기술 사이에는 분명한 경계가 없다. 여기서는 해양토목으로 불리고 있어도 육지에 연결된 것(매립, 항만, 해안에 관계 있는 것)은 빼기로 한다.

A. 조사

해양토목은 공사 장소의 조사로부터 시작한다. 먼저 기상, 해상에 대해서 자세한 조사를 행한다. 특히 최대파의 추정이나 고조의 예상 등 자세한 검토가 필요하다. 다음에는 해저 지형과 해저 지질에 대해서 측정을 행한다. 넓은 면적에 걸쳐 해저를 사용하는 경우(예를 들면 비행장 건설), 또는 큰 구조물을 건설하는 경우에는 해저하 지질구조의 판정도 필요하다.

바다에서 토목공사를 하는 경우 대부분은 자연의 조건을 바꾸는 것이기 때문에, 이 때문에 일어나는 변화에 대해서도 예상해야 한다.

예를 들면, 대규모 구조물을 건조하는 것에 의해 조류의 흐름을 바꾸고, 그 때문에 가까운 해저의 모래를 가져가기도 하고, 또 한 모래로 항만을 매몰시키기도 하며, 때로는 생물에게 영향을 주는 일도 있다. 또는 구조물 때문에 새로운 파가 발생하며, 가까운 지형에 영향을 주는 일이 있다.

위의 조사에는 '조사 기술(3장)'에서 설명한 각 종류의 조사가 행해진다. 구조물의 구조에 의한 자연환경의 변화에 대해서는 모형을 사용한 연구에 의해 예상을 할 수가 있다.

B. 공사에 의한 분류

해저 굴삭을 동반하는 공사 이것에는 먼저 해수 취입 장치 공사가 있지만, 이것에 대해서 일반적으로 그다지 알려지지 않았다. 발전소, 제철공장, 화학공장 등에서는 냉각수로 다량의 해수를 사용하고 있고, 이 때문에 해안으로부터 수 킬로미터 앞바다에 해수 취입 장치를 설치하고, 파이프라인으로 해수를 육지의 공장에 운반한다. 파이프의 지름은 5m에 달하는 것도 있으며 의외로 큰 공사이다.

해저 파이프라인은 위의 해수 취입용 이외에 석유 운반에도 사용된다. 일본에서는 해양석유의 산출량이 적기 때문에, 이것을 위한 파이프라인은 조금밖에 없다. 일본에서는 외국에서 탱커로 운반된 석유를 항만 가까이에서 파이프라인을 통해 육지로 운반한다. 최근 탱커는 대형이므로, 필요한 수심 때문에 앞바다에 정박할 수밖에 없다. 이 경우 해안으로부터 수 킬로미터 앞바다에 Sea-Berth를 건설하고, 여기서 탱커의 석유를 받아들이고, 이것을 파이프라인을 통해 육지로 운반한다. 이 파이프는 지름 1m가 넘는 것이 있고, Sea-Berth를 포함하여 상당한 공사가 된다.

해저터널로는 Honshu, Kyushu 사이의 Kanmon 터널이 철도용 및 자동차용으로서 이미 사용되고 있고, Honshu, Hokkaido 사이의 Seikan 터널도 완공되었다. 이것은 해저 아래를 굴삭한 것으로, 육상의 터널 공사와 본질적으로 다르지 않다. 터널 구조를 육상에서 만들어 해저에 매몰하는 것이 침매터널이다. 이것은 매립지와의 연락 등에 사용되는 것으로 연안 개발의 한 종류라고 말할 수 있다.

기초공사를 해야 하는 공사　기초공사를 필요로 하는 공사로서는 먼저 구조물의 기초가 있다. 이 중에서도 고정식 작업대는 지금까지 소규모로 건설되었지만, 앞으로는 발전소나 공장 등 대규모로 건설될 것이기 때문에, 장래에는 대공사가 증가할 것으로 예상된다.

세계 제일의 석유 수입국인 일본에서는 장래에 Sea-Berth나 원유 기지가 앞바다 또는 해안 가까이에 많이 건설될 것이다.

다음에 관측탑에는 기상, 해상 관측용 이외에 관광용 즉, 해중 전망탑 등이 포함된다. 후자는 해중공원 등에 건설되는 것으로, 해중 통로나 해중 레스토랑 등이 부속하여 건설되는 것이 보통이다.

기초공이 특히 중요시되는 것이 교량이다. 이미 Kyushu나 Seto 내해에서 섬과의 연결을 위해 교량이 만들어졌고, 교각이 해저에 건설되었다. 현재 계획되고 있는 것이 Honshu, Shikoku 연락교이다. 이것은 현수교로 스팬(기둥과 기둥 사이)이 길 뿐만 아니라, 바다가 깊기 때문에 세계적인 대공사이다.

인공섬　인공섬의 용도로는 항만, 발전소, 공장, 공항 등이 있다. 육지가 좁아 인공섬을 건설하여 바다로까지 발전한 Kobe의 Port Island와 같은 예가 점차 증가할 것이다. 이 경우 작업대(또는 이것을 연락한 것)의 사용도 생각할 수 있지만, 인공섬과 어느 쪽이 유리한가는 주로 깊이와 필요한 면적에 의해 결정된다. 인공섬의 건설비는 바다가 깊으면 매우 높아지기 때문에, 경제적으로 불리해지는 경우가 많다.

C. 장래의 방향

해양개발에는 각각의 목적이 있고, 그 목적을 달성하는 수단으로서 해양토목이 사용된다. 해양토목은 어떤 공사에 사용되는가, 또는 어떤 목적을 위한 수단인가에 따라 분류하면 다음과 같다.

- 석유의 수송: 해저 파이프라인, Sea-Berth, 원유기지
- 교통: 해저터널, 해상교량, 해상공항
- 공업: 해상발전소(화력, 원자력), 해상공장
- 관광: 해중공원

위와 같은 목적을 달성하기 위해 해양토목이 사용되는 것이다. 다음에는 이 분류에 따라서 내용을 분석해 본다.

먼저 석유의 수송에 관해서, 일본에서 당분간은 현재 이상으로 석유가 사용될 것으로 예상된다. 석유의 수송은 앞으로도 활발하게 행해질 것이기 때문에 해저 파이프라인, Sea-Berth, 원유기지에 관한 공사가 앞으로도 많아질 것이다.

교통에 관해서는 일본은 좁은 토지에 사람이 밀집하여 살고 있기 때문에, 다수의 사람을 능률적으로 운반하기 위하여 교통기관을 발달시켜야 한다. 이 때문에 해양을 육지와 똑같이 사용하는 경향이 강해진다. 앞으로는 해저터널이나 해상교량이 많이 만들어질 것이다.

공항에 관해서는 특히 도시 가까이 있는 육지에서 넓은 면적

을 획득하는 것이 점점 곤란해진다. 이것은 소음이 배척되기 때문에 앞으로는 해상공항이 도시 가까이에 건설될 것이다. 그러나 이 경우 건설비가 비싼 것이 첫 번째 문제이다.

공업에서도 해상에서의 건설비가 최대 문제이다. 육상의 토지가 부족하여 점차 해양으로 진출하게 될 것이다.

관광에 관해서는, 이미 일본 여러 곳의 해중공원이 국가로부터 지정되어 해중에 시설이 건설되고 있다. 일본에는 경치가 좋은 해안이 많기 때문에, 해중 전망탑이 앞으로 많이 건설될 것이다.

이상과 같이 일본은 외국에 없는 특색을 많이 가지고 있고, 공업국으로서 좁은 국토를 유효하게 이용해야 한다. 그래서 장래에는 해양토목이 행하는 역할이 현재보다 훨씬 증가할 것으로 예상된다.

5. 레크리에이션

A. 레크리에이션의 내용

해양공간의 이용으로서 중요한 것에 레크리에이션이다. 육상에서의 생활에 지치고 피로한 사람이 육지와 전혀 다른 바다에서 휴식하는 것이 앞으로 점점 증가할 것이다.

그 이유는 도시의 생활이 인공적인 것에 너무 둘러싸여 있기 때문에, 좋은 경치의 해안에 가고 싶은 기분이 강하게 드는 것, 단조로운 일상에 쫓기고 있는 사람이 전혀 다른 환경을 강하게 요구하는 것, 건강을 유지하기 위하여 깨끗한 공기가 있어야 하는 것 등이다. 이것은 경제적인 여유가 가능한 사람들이 강하게 요망하고 있기 때문에, 장래는 현재보다 레크리에이션장을 해양에서 구하는 경향이 강해질 것으로 생각할 수 있다.

레크리에이션은 현재 산업 규모가 아직 작지만, 앞으로는 크게 발전할 것이기 때문에 해양개발의 한 분야로 생각해도 되겠다.

레크리에이션이란 사람의 기분에 관계하기 때문에, 엄밀한 분류는 어렵지만 ① 휴양, 관광, ② 스포츠, ③ 취미의 3개로 나눌 수 있다고 생각한다.

〈휴양, 관광을 주로 하는 것〉 이것은 특히 도시에 사는 사람들이 휴양 또는 관광을 목적으로 하여 행하는 것이다.

이런 장소에 관해서는 ① 경치가 좋을 것, ② 조용할 것, ③ 공기가 깨끗할 것의 3가지 점이 요구된다.

이 조건을 가지고, 도시에서 교통이 비교적 편리한 장소가 호텔, 별장 등 건설의 대상이 된다. 자연의 것만으로 불만족하면 수족관이나 해양박물관 등을 만들 수 있다.

자연의 조건이 좋은 장소는 해중공원으로 지정하여, 해중 전망탑이나 해중 도로가 건설된다. 이들의 시설은 바다와 친하고, 해양에 관한 지식을 얻는 데 좋은 경우이다. 또 특히 경치가 좋은 장소에서는 유람선이 사용된다.

〈스포츠〉 이것에는 수영, 보트, 요트, 모터보트, 수상스키, 서핑 등이 있다.

이것은 보통 젊은 사람들이 즐긴다. 스포츠적으로 말해도, 특히 수영이나 보트는 단지 물놀이인 것이 많고, 여름에는 이 목적으로 다수의 사람이 해안에 모인다. 이 때문에 해안의 호텔, 여관 등이 만원이 되어 이 시기의 해양 이용자는 다른 어떤 해양공간 이용자보다 많아진다. 일본인이 해양과 가까워지는 기회의 대부분은 이 시기에 집중된다.

이전에 수영과 보트에 한정되어 있던 놀이는 한층 기구 같은 것을 이용하는 방향으로 바뀌는 중이고, 모터보트나 요트의 사용자가 최근 증가했다. 그 결과 일본에서 모터보트와 요트의 생산량은 매년 30%씩 증가하고 있다.

〈취미를 목적으로 하는 것〉 이것에는 '낚시'가 있다. 이것은 관광과는 다르고 스포츠와도 다르기 때문에 취미로 취급해도 좋겠다. 최근에는 교통이 편리해졌기 때문에 낚시 인구가 증가하고 있고, 앞으로도 이 경향은 지속하겠다. 근년에 연근해에 물고기가 줄었다고 말하지만, 낚시가 성행하고 있는 것을 보면 그 정도로 비관할 것은 아닌 모양이다.

아쿠아랭크를 사용하는 잠수도 취미로 여겨도 좋겠다. 단 해면을 수영하는 것에 만족할 수 없는 사람들이 많아져 근년에 잠수인구는 점차로 증가하고 있다.

B. 장래성

〈해안, 해면의 이용〉 해양에서의 레크리에이션은 장래에 점점 활발해진다고 설명했다. 그러나 그것이 문제없이 활발해지는가? 어느 정도의 의문점이 있다.

이것은 해면이나 해안을 이미 이용하고 있는 사람—수산업자—이 있기 때문이다. 일본의 해안선은 인구에 비하면 길지 않고, 해양 레크리에이션에 적합한 장소는 한정되며, 비교적 좁은 장소에 사람이 모이기 쉽기 때문이다. 그래서 현재 이상으로 모터보트, 요트 등이 증가하면 바다를 이용하고 있던 사람과 사람 사이에 마찰이 일어날 것이다. 또한 항만 시설이 불충분하면 모터보트, 요트 등 사용자 사이에서도 문제가 일어난다. 이들을 무제한으로 방치하지 말고, 항만 기타 시설의 능력에 맞추어 증가시키지 않을 것, 생각할 수 없는 곳에서 불유쾌한 사회적 문제가 발생하지 않도록 해야 할 것이다.

다른 문제로는 레크리에이션이 자연파괴로 이어지지 않을까 하는 것이다. 일본에는 자기 자신만 좋으면 다른 것은 어떻게 해도 된다고 생각하고 있는 사람이 있기 때문에, 해양을 레크리에이션을 위하여 무제한으로 사용하게 되면 아름다운 자연은 즉시 파괴된다. 아름다운 바다를 지키기 위해서 국가 또는 지방자치단체가 해안 및 해면을 엄중하게 관리하고, 해양의 자연을 적극적으로 지키도록 해야 한다. 그리고 자연을 파괴하지 않도록, 또 해안을 저속화시키지 않도록 레크리에이션을 유도해야 한다. 그래야 아름다운 바다를 다수의 사람이 즐기면서 쉬는 장소, 또는 정신과 육체의 건강을 증진하는 장소로써 이용할 수 있다.

〈해중의 이용〉 무척이나 경치가 좋은 해안에도 같은 장소에 여러 번 가보면 싫증 나서, 사람들은 해면에서 해중으로 흥미를 갖게 된다. 레크리에이션으로서의 해중 이용에 대해서는, 먼저 첫 번째로 생각할 수 있는 것이 잠수이다. 50~100m의 깊이까지 간단하게 잠수하여 해중을 입체적으로 수영하며 다니기도 하고, 자유형(?)으로 물고기와 경쟁하기도 하면 재미있을 것 같다고 누구나 생각할 수 있다.

그러나 '잠수 기술(3장)'에 있는 것과 같이 깊은 잠수는 간단하게 할 수 없다. 이것을 행하는 데는 압력의 조절을 자유롭게 할 수 있는 압력실 기타의 정리된 설비가 필요하고, 그 이상으로 잠수자에게는 충분한 건강과 충분한 훈련이 필요하다. 즉 전문적인 긴 훈련에 견딘 사람만이 100m 잠수가 가능하기 때문이고, 오락으로서 손쉽게 행할 수 있는 깊은 잠수는 도저히 생각할 수 없다. 오락으로서의 잠수는 아쿠아랭크를 사용하는 10m 정도까지가 무난하고, 이것은 앞으로 더욱더 많은 사람이 이용하게 될 것이다.

단독 잠수를 간단하게 할 수 없다고 생각한 사람은, 잠수정에 타고 해중 100m 정도를 자유롭게 보고 싶다고 생각한다. 이와 같은 잠수정은 현재는 돈을 내기만 하면 누구든지 살 수 있고, 전문 운전자에게 부탁하면 그것을 타는 것은 자유롭게 할 수 있다. 이것이 레크리에이션의 대상이 되는 것은 틀림없다. 그러나 이것에는 난점이 있다. 그것은 돈이 너무 드는 것이다. 잠수정을 자기 자신이 살 수 있는 사람은 별도로 하고, 30분 정도 잠수정에 타는 것만으로도 상당히 돈이 들기 때문이다.

그 이유는 잠수정에는 한 번에 몇 사람밖에 탈 수 없기 때문에 장치의 소각비, 호흡하는 공기의 비용, 동력비, 인건비(운전자)가 의외로 비싸기 때문이다. 100m의 해저를 꼭 보고 싶다고 입버릇처럼 말하는 사람도 30분에 10,000엔의 요금이 든다고 하면 갑자기 배가 아프기도 하며, 희망자는 100분 1로 감소할 것이다. 이런 종류의 것은 영업적으로 성립하기 어렵다고 말할 수 있으나, 해양개발이 활발하게 됨에 따라 해중을 보고 싶은 희망자는 점점 많아질 것이다. 이것이 영업적으로 성립하기 위해서는 1회에 수십 명을 안전하게 운반하는 장치가 필요하다. 이것은 다음과 같은 2가지의 안을 생각할 수가 있다.

제1안은 수심 5~20m의 해중을 달리는 '모노레일'이다(궤도는 2개라도 되지만, 임의로 이 이름을 사용하기로 한다). 이 깊이면 압력이 낮기 때문에 창을 크게 만들 수 있다. 이 해역을 어류의 자연생태연구소로 하면, 약 1,000m를 '모노레일'이 달리는 사이 사람들은 바닷속의 경치를 즐기는 동시에 물고기에 관해서 공부하는 것이 가능하다.

제2안은 수직으로 움직이는 것을 주목적으로 한 장치이다. 수십 명을 수용할 수 있는 장치를 와이어로 매달아 약 50m의 해중에 내린다. 사람은 깊이와 함께 변하는 바닷속의 경치를 바라본다. 이것은 어느 정도 수평으로도 이동시킬 수 있다. 다음에, 단지 수직으로 움직인다면 수중 전망탑으로 만든다는 안도 나온다. 이것이라면 보통의 엘리베이터를 사용할 수 있기 때문에 많은 사람을 빠르게 운반할 수 있다. 수심 10m 정도의 전망탑은 현재도 있기 때문에, 새롭게 만든다면 수심 50m 정도의 것이 바람직하다. 그러나 이 깊이에서 바다를 조망하기 위한 창은 상당히 작아진다. 이 깊이에 해중 레스토랑을 만드는 안도 나올 수 있지만, 해중을 자유롭게 바라보기 위해서는 수심 10m 부근이 좋다.

장래, 해중 호텔을 만들 수 있을까? 호텔 부엌 한쪽에 창이 있고, 그 외측에는 물고기가 유영하고 있다. "부엌 안에서 바닷속을 바라보며 온종일 생활하는 것은 정말로 즐거운 것이다"라고 계획자는 말한다. 그러나 "아니야, 그런 호텔은 전혀 필요 없다"라고 반대하는 사람도 있을 것이다. "사람은 낮에 바다를 바라보기 때문에 즐거운 것이고, 밤이 되어 자려고 할 때 자기가 바닷속에 있는 것이 머리에서 떠나지 않으면 무서워서 잠잘 수 없다"라고. 3번째 사람은 "바닷속에 적응된 사람이 적은 현재 해중 호텔은 시기상조이다"라고 말할 것이다. 4번째 사람은 "그런 일은 아무래도 상관없고, 바다는 이와 같은 것을 공상할 수 있기 때문에 즐거운 곳이다"라고 뒤섞어 대답한다.

이와 같은 것을 이것저것 생각하는 것도 레크리에이션의 일종이고, 미지의 요소를 많이 가지고 있는 바다야말로 그런 것이 가능하다.

바다는 사람을 즐겁게 해주는 요소를 가지고 있지만, 한편 바다는 자연의 엄함을 가지고 있고, 만약 횡포하면 용서 없이 우리에게 습격해 오는 것을 잊어서는 안 된다. 레크리에이션도 상대가 자연이기 때문에 항상 '안전 제일'로 행동하고, 계획해야 한다.

6. 개발기기

해양개발에 있어서 지금까지 설명해 온 내용을 정리하여 분류하고, 그 각각에 사용할 수 있는 기기를 나타내면 〈표 6-6〉과 같다. 이 표에 따라서 설명하고, 아울러 장래성에 대해서 생각해 보기로 한다.

A. 조사용 기기

해양조사는 해양조사선에 의해 행하는 것이 가장 일반적이

〈표 6-6〉 해양개발에 사용하는 기기

종류	대상	수단	목적	주요 기기
조사	해면	배, 로봇	기상, 해상 조사	해양조사선, 관측 부이
	해중	배, 잠수	해수, 조류 조사	해양조사선, 잠수조사선
	해저	배	해저 측량	측량선
	해저하	배, 작업대	지질, 지질구조 조사	지질조사선, 이동식 작업대
천연자원의 개발	광물 자원	작업대	석유, 천연가스 개발	이동식 작업대 또는 고정식 작업대
				해저굴삭장치, 파이프라인
			고체 광물	작업대 또는 작업선
	해수		냉각	해수취입장치, 파이프라인
			담수화	담수화 장치
			해수 성분	해수정분분리장치
해양공간의 이용	해면	인공섬	광물 자원 개발	광물개발장치
			항만, 공항	
			발전	발전장치
		작업대	광물 자원 개발	작업대, 광물개발장치
			공항	공항구조물
			발전소	작업대, 발전장치
			해상도시	도시 구조물, 상하수도, 쓰레기처리장
		다리	교통	교량 구조물
	해중	터널	교통	터널 구조물
		탱크	저장	해중 구조물
	해면, 해중		관광	해중 전망탑, 해중 통로
해양에너지의 이용	조석	조석에너지	발전	발전장치
	파	파에너지	〃	〃
	해중	온도차	〃	〃, 파이프라인, 증기발생장치

〈표 6-7〉 해양조사선(1972)

소속	1,000톤 이상	1,000톤 미만	합계
해상보안청	2	5	7
기상청	2	4	6
방위청	2	-	2
수산청	2	8	10
각 대학	5	5	10
기타	-	1	1
합계	13	23	36

*대학 소유의 내용은 홋카이도 2, 도쿄 1, 도쿄수산 2, 동해 1, 시모노세키수산 1, 나가사키 1, 가고시마 1이다.

다. 조사에는 여러 종류가 있고, 일반조사는 기상, 해상, 해수의 성질, 해저하 지질 등에 관해서 행해진다. 이것 이외에 해저 지형을 목적으로 한 조사, 수산 자원을 목적으로 한 조사 등이 있다.

일본에서 사용되고 있는 조사선의 수를 나타낸 것이 〈표 6-7〉이다. 이것은 1954년 이후에 건조된 것으로, 그 수는 36척으로 되어 있다. 이 중 총톤수 1,000톤 이상이 13척, 1,000톤 미만이 23척이다. 해상보안청 소속의 7척 중 6척은 측량선이고, 1척은 기상관측선이다. 기상청에 소속된 것은 모두 기상관측선이고, 수산청 및 수산대학에 소속된 것은 수산조사선이다.

해면의 정점 관측에는 관측 부이에 의한 무인 관측이 적합하다. 이것은 일본에서 많이 사용되고 있지만, 기상, 해상 예보의 정도를 높이기 위하여 장래에는 더욱더 많이 사용해야 한다.

해중 조사를 위한 잠수조사선은 일본에 수 척밖에 없고, 또

〈표 6-8〉 이동식 작업대

종류	수	수출된 것
Jack Up식	4	3
반잠수식	7	6
굴삭선	6	6
Tender 있는 장치	1	-
합계	18	15

한 600m까지 잠수할 수 있는 것은 1척밖에 없다. 장래는 더 욱더 수가 늘어날 것이다. 현재 6,000m용의 잠수조사선 계획이 진행되고 있지만, 아직 건조에는 이르지 못하고 있다.

해저조사는 주로 측량선에 의해 음파를 사용하여 행하고 있다. 해저하 조사는 배에서 중력 또는 음파의 측정에 의해 행해지는 것이 보통이다.

이상 해양개발기기 전체를 보면, 주요한 것은 역시 배이다. 배 이외에도 각 종류의 측정 장치가 사용된다.

B. 광물 자원 개발기기

〈표 6-6〉에 의하면 광물 자원 개발에 사용되는 기기는 이동식 또는 고정식의 작업대(플랫폼)가 주체를 이룬다. 일본의 광물 자원 개발에 있어서 작업대가 사용되는 것은 석유 개발뿐이다. 이동식 작업대는 조사에 사용되며, 고정식 작업대는 생산에 사용된다. 이들은 일반적으로 큰 구조물이다. 조선소는 큰 구조물을 제작하는 뛰어난 능력을 갖추고 있다. 이 때문에 작업대는 차례로 일본의 조선소에서 만들어지고 있다.

이동식 작업대에 관해, 일본에서 건조된 것을 〈표 6-8〉에 나타낸다. 이것은 1972년까지 건조된 것의 수를 나타낸다.

일본에서 이것이 1년에 2~3대씩 건조된 것은 1965년 이후의 일이다. 처음은 미국의 설계에 의존하고 있었지만, 일본 조선회사의 노력 결과, 일본 독자 설계의 반잠수식 장치가 1970년부터 건조할 수 있게 되었다. 표에 나타내고 있는 것과 같이 이동식 장치의 대부분은 수출되었다. 일본의 석유 개발 산업은 작지만, 세계를 상대로 하면 이와 같은 기기 산업은 희망을 가질 수 있겠다. 또 일본의 바로 북과 서에서 해양석유 개발 계획이 진행되고 있기 때문에, 이와 같은 장치가 사용되는 수는 일본 근해에서 가까운 장래에 늘어날 것이 확실하다.

석유 개발에 있어서 작업대 이외에 사용되는 것은 해저굴삭장치, 석유 생산장치, 파이프라인 등이다. 이들은 큰 구조물이 아니기 때문에 반드시 조선소에서만 제작되는 것은 아니다.

고체광물 중 가까운 장래에 개발되는 것은 망가니즈단괴이겠지만, 이것의 채굴 방법은 아직 결정되지 않았다. 그러나 그 전에 조사 기간이 상당히 오래 지속할 것이다.

C. 해양공간 이용기기

〈표 6-6〉에 의하면 해면 이용의 주요한 수단은 인공섬과 작업대이다. 전자에는 특색 있는 기기가 사용되지 않기 때문에, 여기서는 후자에 관해서만 설명한다.

발전소나 공장은 아직 해상에 건설되어 있지 않지만, 일본에서는 가까운 장래에 이들이 차례차례 바다로 진출할 것이다. 이것에는 고정식 작업대가 사용되지만, 이것은 석유 개발용보다 상당히 규모가 클 것이다.

일반인이 생각하는 것과 같은 아름다운 해상도시는 가까운 장래에는 건설되지 않을 것으로 생각된다. 그 이유는 구조물 이외에 도시로서의 독립된 기능을 발휘하기 위한 발전건설, 상수설비, 하수설비, 쓰레기 처리장을 준비해야 하고, 현실적으로 상당히 복잡하기 때문이다.

해중 이용으로서의 침매터널에는 주로 철강재의 터널 구조물이 사용된다. 현재 사용되는 것은 조선소에서 건조되었다. 해중의 석유탱크는 일부 이미 사용되고 있고, 콘크리트가 사용되는 것도 많아질 것이다. 해중 전망탑은 이미 사용되고 있지만, 이들은 많지 않다. 앞으로는 더 큰 전망탑이 많이 만들어질 것이다. 이것도 조선소에서 건설될 것이다.

해양공간의 이용에는 해양토목 기술이 많이 활용된다. 이 때문에 토목용 이동식 작업대가 이미 여러 대 건조되어 사용되고 있다. 해양공간을 이용하기 위한 공사는 앞으로 상당히 증가할 것이기 때문에, 토목용 작업대의 수요는 장래에도 증가할 것이다. 또 해양토목의 작업에는 수중 불도저가 사용되고 있고, 장래에 그 수도 역시 증가할 것이다.

D. 기타의 해양개발기기

해수의 이용에는 그 목적에 따른 기기가 사용된다. 장래에 기기가 증가하는 것은 해수 담수화일 것이다. 단, 이것은 원자력 발전과 함께 사용되기 때문에, 이 방법은 종래의 방법과 약간 다른 것이다.

해양에너지의 이용 중 조석과 온도차는 일본에서 행하고 있지 않기 때문에, 장래에 기대할 수 있는 것은 파뿐이다. 파 에너지의 이용에 관해서는, 현재 작은 발전기만 사용하고 있지만, 장래는 훨씬 큰 것이 시험적으로 제작되어, 그중 실용적인 것이 다수 사용될 것이다.

해수 오염 방지 장치는 현재도 사용되고 있지만, 그 수는 아직 적다. 기름에 의한 해수 오염에 관해서는 사람들이 점차 신경 쓰고 있기 때문에, 오염 방지 장치는 현재보다 대형이면서 성능이 높은 것이 사용될 것이다.

이상 해양기기의 대략에 관해서 설명했다. 기기가 해양의 거친 환경 아래에서 사용되기 때문에, 해양에 관해서 경험이 많은 조선공업이 기기의 제조를 맡아야 하는 경우가 매우 많다. 이것은 제조공업이 새로운 분야인 해양개발을 시작하기 위하여 큰 노력을 기울인 것이 원인이기도 하다. 해양개발에는 도구가 반드시 사용되지만, 가까운 곳에서 뛰어난 기기를 입수할 수 있기 때문에 유리하다. 이 점에서 일본의 해양개발은 좋은 조건을 구비하고 있다고 말할 수 있다.

7장
세계의 해양개발

세계 각국은 그 국력이나 지리적 조건에 따라서 독자적인 해양개발을 행하고 있다. 이들 모두를 여기서 설명하는 것은 불가능하기 때문에, 전반적인 예로 대표적으로 생각할 수 있는 국가에 관해서 설명하고, 후반에는 세계에서 가장 해양개발에 앞서고 있는 미국에 대해서 내가 여행하면서 기록한 것을 설명하기로 한다.

1. 세계의 해양개발

A. 미국

일본에서 보면 미국의 해양개발은 다음과 같이 눈에 띄는 3개의 특징을 가지고 있다.

⑴ 해양개발에 대한 국가의 목표를 분명히 나타내고, 그것에 대하여 국가는 필요한 돈을 투자하여 계획을 성공시킨다.

⑵ 국방과 해양개발이 밀접하게 서로 관계하며, 양자가 협력한다.

⑶ 민간에서는 석유산업이 해양석유 개발로 경제적으로 성공했고, 민간이 해양개발의 중심이 되었다.

미국의 해양개발은 이 3개의 기둥을 중심으로 하여 발달했고, 질 및 양에 있어서 외국보다 조금 앞서고 있다. 해양개발에 관한 미국 정부의 정책을 보면, 넓은 의미의 국방에 포함되는 것이 많다. 위의 3개의 기둥 대신에, 오히려 “미국의 해양개발은 국방과 석유가 지지하고 있다”라고 말해도 과언이 아니다. 다음에 기술 문제를 중심으로 하여 위에 관해서 설명하겠다.

〈정부의 방침〉　미국이 해양개발에 관해서, 국가의 의욕을 처음 나타낸 것은 트루먼 선언(2장 참조)이다. 영해 3해리 설을 취하고 있던 미국이 3해리보다 멀리 있는 해저 광물 자원을 개발하기 위해 행한 선언이고, 보는 쪽에 의하면 정말로 제멋대로의 행동이다. 이것에 의해 미국은 광물 자원을 적극적으로 개발하기 시작하였고, 각국도 이것을 모방하여 영해 외의 자원을 각국의 소유로 보게 되었다. 미국은 그 후, 정책을 점차로 구체적인 것으로 하여, 그것을 강력하게 실행하여 현재에 이르고 있다.

최근 정책에 관해서 그 요점을 설명하면, 1970년대의 국가의 목표로는 다음과 같은 것이 있다.

(1) 해양과학에 관한 지식을 증대하기 위하여 대학, 연구소를 강화하고, 심해 개발에 이용할 수 있는 해양공학에 힘을 쏟고, 더욱더 과학기술정보 획득에 힘을 쏟는다.

(2) 연안지대의 조사, 개발을 행하고, 동시에 오염을 규제한다.

(3) 생물 자원 및 광물 자원을 대상으로 하여 해양 자원을 개발함과 동시에 해저 원자력 공장의 기술을 개발한다.

(4) 심해의 연구를 행하고, 나아가 해면의 조사, 예보를 위한 시설을 충실히 한다.

(5) 대륙붕, 대륙사면의 지도 및 상세한 항해도, 조석도를 작성한다.

최근 10년간에 미국 정부가 행해온 주요한 과학기술을 들면 다음과 같다.

(1) 해중 거주 실험

시리브 계획이 해군에 의해 행해졌고, 제1회는 1964년에 수심 60m에서 4인이 11일간, 제2회는 1965년 수심 62m에서 10인이 15일간 해중 거주를 했다. 이것과 별도로 국무성, 항공우주국 등에 의해 1969년 이후 해저 거주 실험이 테크다이트 계획으로서 행해지고 있다.

(2) 표류 실험

해군 및 항공우주국이 잠수조사선 벤프란크린호를 사용하여 멕시코만의 해중을 약 1개월간 표류하면서 각 종류의 측정을 행했다.

(3) 심해 굴삭

지질조사선 크로머차렌지호가 수심 6,000m가 넘는 바다에서 해저 수백 미터를 굴삭하는 데에 성공하여 지질시료를 얻었다. 석유는 대륙붕 등 얕은 바다 해저하에만 존재한다고 여겨져 왔지만, 이 조사에 의해 멕시코만의 수심 3,500m 해저하에서도 석유의 존재 가능성이 발견되었다. 이 조사선에 의한 조사는 태평양에서도 그 후 지속하고 있다.

(4) 시크랜드 계획

대학 및 기타 기관에 대해, 해양과학 연구 및 해양 관계 전문가 교육, 훈련을 국가 자금으로 원조하고 있다.

〈해양 관계 예산〉 최근 수년간 정부 예산 중 해양 관계 예산을 나타내면 〈표 7-1〉과 같다. 비교를 위해 우주 관계 및 원자력 관계 예산도 〈표 7-1〉에 나타낸다. 단 ( )의 숫자는 예산 총액에 대한 비율이다. 해양 관계 예산의 사용 목적은 큰 순서로 국방 관계, 해양연구, 해양조사, 연안 개발, 어업 개발, 운수 관계, 환경 관측, 일반 해양공학, 국방협력 등으로 되어 있다. 해양 관계 예산은 절댓값에 있어서 우주와 원자력보다 작지만, 후자가 매년 감소하고 있음에 비해 해양개발은 작지만 증가하고 있다.

〈국방과 해양개발〉 일본인은 해양개발을 평화적인 것으로 생각하고 있지만, 외국에서는 꼭 그렇진 않다. 해면 및 해중은 유력한 전쟁의 무대가 될 수 있다. 그 때문에 해면, 해중에 관한 정확한 정보가 필요하고, 또는 해중에 있어서 자유롭게 행동하는 것이 요구된다. 이것은 해양개발과 국방 사이에 경계가 없는 것을 나타낸다. 미국에서는 이것이 많은 점에서 분명히 나타나고 있다. 즉 해양개발의 일부는 분명히 국방 분야로 되어 있다. 미국이 해양개발에 매우 적극적인 것은 항시 국방을 최우선으로 하기 때문이다. 현재 순수 국방비(〈표 7-1〉에는 표시되어 있지 않은 것)에서 직접 또는 간접적으로 해양개발에 들어가고 있는 돈이 상당히 많다. 그렇기 때문에 미국의 해양개발은 세계 제일로 진보한 것이다. 이 경향은 앞으로도 지속되겠고, 미국의 해양개발을 고려할 때 잊어버려서는 안 되는 것이다.

〈해양석유〉 석유 개발 기술은 미국이 세계 제일이고 특히 해양석유 개발 기술은 100% 가까이 미국에서 만들어졌다고 말

〈표 7-1〉 미국의 예산(단위: 백만 달러)

	예산총액	해양	우주	원자력
1968	153,671	449 (0.29%)	4,721 (3.07%)	2,466 (1.60%)
1969	187,784	463 (0.24%)	4,247 (2.26%)	2,450 (1.30%)
1970	193,743	513 (0.26%)	3,749 (1.93%)	2,453 (1.26%)
1971	188,392	519 (0.27%)	3,381 (1.79%)	2,475 (1.31%)
1972	197,827	609 (0.30%)	3,180 (1.60%)	2,358 (1.19%)

해도 과언이 아니다. 이것은 멕시코만의 조건이 해양개발에 적합하고, 석유 자원이 풍부하게 존재하고 있는 것이 큰 원인이다.

그러나 미국에서 해양석유가 처음부터 순조롭게 개발되었는가? 라고 말하면, 반드시 그렇지는 않았다. 육상보다 해상 쪽이 작업비가 비싸기 때문에, 초기는 석유회사가 산발적으로 해상에서 석유 개발을 행한 것에 지나지 않았다. 1953년에 미국의 대륙붕 개발법이 제정되고 나서, 멕시코만에서 석유 개발이 점차 활발히 진행되었고, 민간산업으로서 충분히 채산성 있게 되었다. 미국에서 해양개발에 관한 국가 방침이 정해지고 나서, 이것은 산업으로서 성장했다. 이처럼 해양개발에는 돈이 많이 들기 때문에, 혼자 걸을 수 있을 때까지 국가의 원조가 필요한 것이다.

지금 미국의 해양개발은 큰 산업으로 성장했다. 이 기술은 '해양기술 회의(6장)'에서 설명한 것과 같이, 많은 기술의 집약이기 때문에, 다른 산업을 윤택하게 한다. 그리고 미국의 해양개발은 석유 개발에 크게 지지되어 앞으로도 발전할 것이다.

B. 프랑스

해양개발에서 프랑스는 뛰어난 역할을 하고 있다. 즉 아르키메데스호에 의해 지구에서 가장 깊은 바다에 내리는 것에 성공했고(1961), 세계에서 제일 먼저 해중 거주 실험 프레콘티난 계획(1962)을 수행하였으며, 더욱이 공업적인 규모의 조석 발전소를 세계에서 제일 먼저 완성했다(1966).

프랑스의 해양개발은 프랑스 정부의 해양개발센터(CNEXO)가 중심이 되어 진행하고 있다. 여기서는 국가가 수행하는 해양개발에 관한 연구, 개발 계획에 대해서 검토하고, 실행한다. 더욱이 연구용 대형 시설을 소유하고, 연구자 및 기술자의 양성도 행한다.

이 센터에서 현재와 같이하는 기본적인 항목은, 다음과 같은 것이다. ① 생물 자원의 개발, ② 광물 자원의 개발—대륙붕 및 심해의 지질학적 연구를 수행하고, 또 지질자료를 능률적으로 채취하는 기술을 개발한다. ③ 대륙붕 주변 및 심해의 탐사—일반 탐사 이외에 잠수 및 해중 작업에 관한 기술의 개발, ④ 해수 오염 대책—오염 실태의 연구 및 오염 처리장치의 개발, ⑤ 해양, 대기 상호작용의 연구—바람과 해양 사이의 에너지 운동량 교환 연구, 지중해 해류에 대한 기후, 날씨의 영향 등.

민간의 활동으로서는, 예를 들면 프레콘티난 계획이 있고, 이미 수심 100m에 거주하는 것에 성공했다(1965). 석유산업에 의해 설립된 프랑스 석유연구소(IFP)에서 해저광물 개발에 힘을 쏟고 있으며, 반잠수식 굴삭장치 펜타곤 81을 완성하였고, 또

구부러진 파이프로 우물을 굴삭하는 기술 등을 개발했다.

C. 영국

영국의 해양과학에 관해서는, 정부 기관인 자연환경연구협의회(NERC)가 관리, 지도를 행하고 있다. 이것은 다음의 4항목에 관해서 힘을 쏟고 있다.

① 해양물리—특히 해류, 파의 전파, 대기와 해양의 상호관계,

② 해저지질과 지구물리,

③ 연안지방에 발생하는 특수 문제—해류, 조석, 폭풍우, 오염 등에 관한 것,

④ 어업 및 해양생물학.

위와 별도로 해양기술위원회(CMT)가 있고, 해양기술에 관해서 관리, 지도를 행하고 있다. 여기서 취급하고 있는 중요한 문제는 다음과 같다.

① 어획 시스템, ② 해양석유, 천연가스의 개발기술과 설비,

③ 배의 항해 관리, ④ 해양토목의 기술, ⑤ 해양의 측정기술.

북해에서 석유, 천연가스가 급속히 개발되었지만, 이것이 가장 활발하게 진행되고 있는 건 영국 해역이다. 이 해역의 적극적인 개발은 주목할 만한 점이 있다. 앞으로 영국의 해양개발 기술 진보가 기대된다.

2. 미국의 해양개발(여행 편)

세계에서 해양개발을 가장 적극적으로 행하고 있는 것은 미국이다. 미국의 해양개발을 보는 것은 앞으로의 해양개발에 참고가 된다. 여기서 나의 해양개발 조사를 위한 1개월간의 미국 여행에 관해서 설명한다.

넓은 미국의 전부를 짧은 여행으로 보는 것은 불가능하지만, 상당히 중요한 점을 볼 예정이었다. 이 여행 초기의 20일간은 20인 단체로서 행동하고, 그 후는 혼자서 여행을 했다.

단체여행 계획은 미국 측에서 세웠기 때문에, 일반인으로서는 방문할 수 없는 장소도 견학할 수 있었다. 특히 여러 곳에서 세미나를 열고, 많은 전문가의 의견을 들을 수 있었다. 이들의 견학 장소 및 세미나는 미국인이 결정했기 때문에, 미국의 해양개발 본질을 이해하는 데는 매우 도움이 된다고 생각하고 있었고, 여기서 소개하는 것은 이러한 이유 때문이다.

A. 하와이

도쿄에서 야간비행기로 출발하여, 몇 시간 자고 나니 밝았다. 창밖을 보니 넓은 바다를 볼 수 있었다. 얼마 지나지 않아 아름답고 푸른 바다에 둘러싸인 하와이가 보이기 시작하여, 그것이 점차 커지더니, 비행기는 비행장에 도착했다. 야자나무가 크고 줄 맞추어 심겨 있는 것이 인상적이었다. 이윽고 버스를 타고 해안 가까운 호텔에 도착했다.

〈룩 연구소〉 이곳은 하와이대학 소속이고, 해양개발 관계

연구를 행하고 있다. 여기서 우리들은 시설을 보는 것과 함께 세미나를 열었다. 세미나 강사는 하와이대학의 해양공학, 토목공학 및 지구물리학과 교수, 하와이주의 공무원 및 육군공병대 군인이었다.

하와이대학에서 얻은 지식의 요점은 다음과 같다.

(1) 해양공학

하와이의 해안은 좁기 때문에 해저에서 모래와 자갈을 채취해 해빈을 만든다. 또는 해저의 모래, 자갈을 건설용으로 사용한다. 이것에 관한 해저 조사는 하와이대학의 지구물리학과가 수행하고 있다. 이 부근은 산호초가 많기 때문에 모래가 적고, 그래서 경제적인 모래를 정확하게 찾아야 한다. 그 때문에 연구가 행해지고 있었다.

다음에 해안에 대한 파랑의 작용에 관해서 연구하고 있었다. 지금부터 건설하는 인공 해안 또는 매립지 비행장에 대한 파의 작용을 미리 정확하게 알 필요가 있다. 이들 파의 작용에 대해 육군공병대가 이 연구소에서 모형실험을 통해 파의 작용을 연구했다. 연구가 끝나자 공병대가 이 연구소를 대학에 기부했다. 또 여기서는 지진해일 및 그 작용에 관한 연구도 행하고 있었다.

하와이에는 유명한 와이키키 해안이 있지만, 그 일부는 인공 해안이다. 그 이유는 해안에 호텔이 즐비하고, 자연의 해안이 좁아져 해안을 확장할 수밖에 없었기 때문이다. 이 인공 해안을 만드는 데 관해서 위의 연구가 도움이 됐다. 하와이의 명물로는 서핑이 있지만 해안을 매립하면 할 수 없기 때문에 해안을 자유롭게 매립할 수 없었고, 좁은 하와이에서 일종의 고뇌였다.

(2) 해수 오염

해수 오염은 여기서도 큰 문제가 되고 있었다. 오염의 원인은 도시 하수이고, 이것은 하수의 처리 방법에도 관계하고 있었다.

(3) 잠수의학

여기서 잠수의학의 일반을 연구하고 있었다. 연구소에는 높이 15m 정도의 잠수용 탱커가 있었다. 물로 채워진 탱커 내에 들어간 잠수자에 대한 온도, 압력, 인공 공기 등의 영향에 대해서 연구하고 있었다.

세미나가 끝난 후, 우리들은 해안공학 연구용으로 만들어진 하와이 해안의 큰 모형을 보았다. 더욱이 밖에 나와 잠수용 탱커 위에 올라갔다. 여기서 밝고 아름다운 하와이 해안을 둘러 보았다.

〈씨 라이프 파크〉 다음에 우리는 씨 라이프 파크를 방문했다. 여기서는 돌고래에게 곡예를 가르치는 것을 구경거리로 하고 있었다. 여러 마리의 돌고래가 초음파 신호로, 공중에서 몸을 비틀어 1회전 시켰다(그림 7-1). 나는 어떤 방법으로 이것을 가르쳤는가를 불가사의로 생각했다. 다른 장소에서는 지름 20m, 깊이 5m 정도의 유리 수조 속에 있는 돌고래가 대활약했다(그림 7-2). 돌고래는 수저에 있는 사람에게 수면 위 사람의 종이를 건네고, 또 도구류를 운반했다. 마지막으로는 기분이 언짢아 움직일 수 없게 된 사람을 수저에서 수면까지, 그 사람의 등을 밀어 올렸다. 돌고래는 해양개발에 있어서 필요한 동물이라고 생각했다.

〈그림 7-1〉 돌고래의 활용 (1)

〈그림 7-2〉 돌고래의 활용 (2)

씨 라이프 파크를 경영하고 있는 회사는 여기서 생긴 이익금을 사용하여 해양개발 연구를 하고 있었다. 이것이 마카푸우, 오시아닉 센터이다. 여기서는 해저조사 및 잠수기술 연구가 행해지고 있다. 여기서 해저거주 시설로 사용되고 있는 것은 ① 수심 180m에서 6인이 20일간 거주하여 얻은 것, ② 수심 120m에서 4인이 7일간 거주하여 얻은 것이 있었다.

이와 같은 연구가 민간 또한 작은 회사에 의해 행해지고 있는 것에 주목해야 한다. 우리들이 방문했을 때, 이 회사의 사람들로부터 여기는 미국에서도 일본에 가장 가깝기 때문에 잠수에 관해 일본과 협력하여 일하고 싶다고 제안받았다. 일본에서는 국가가 일대 결심하여 겨우 행하고 있지만, 미국에서는 작은 회사에 의해 행해지고 있는 것에 정신을 차렸다.

* * *

호텔에 되돌왔지만, 아직 밝기 때문에 가까운 해안에 나갔다. 오늘 들은 이야기를 되뇌며 사빈을 보니까, 과연 인공 해안으로 되어 있었다.

B. 로스앤젤레스의 세미나

우리는 하와이에서 로스앤젤레스로 날아가 드디어 미국에 도착했다. 또 하와이대학에서 일본계 미국인 C 교수가 우리 조사단에 특별히 참가하여 기분 좋았다. 로스앤젤레스에서는 상공회의소 건물에서 세미나를 열었다. 7인의 전문가가 설명한 내용은 다음과 같다.

⑴ 미국 해양개발 산업의 예: 특정 회사의 조직, 업무 등의 설명이 있었다.

⑵ 해양산업에 사용되고 있는 기술: 기상, 해상의 측정, 어업 자원, 해저광물 자원, 해저지형의 측정, 해수의 오염 방지, 해수의 담수화 등에 관한 설명이 있었다.

⑶ 해중 통신기: 초음파를 사용한 해중 통신기 설명이 있었다.

⑷ 해중 석유굴삭장치: 현재 사용되고 있는 각 종류의 굴삭장치에 대해서 설명이 있었다.

⑸ 먼바다에서의 수리 작업: 고장 난 먼바다의 석유굴착장치를

수리하기 위해 헬리콥터로 운반하는 장치의 설명이 있었다.

(6) 해상공항: 매립식, 케이슨식, 부상식에 대한 설명이 있었고, 부상식에 대해서는 현재 기술로는 문제가 있다는 의견이 발표되었다.

(7) 해저석유 생산설비: 석유의 시추공을 해저에 파서 석유 생산을 경제적으로 행하는 록히드사의 방법이 소개되었다.

세미나 도중에 정오가 되어, 우리들은 큰 방으로 이동했고 여기서 미국의 해양개발 관계자 수십 명이 추가 참석하여 함께 식사했다. 그 후 나는 슬라이드를 사용하여 일본 해양개발의 현상에 대해서 강연했다. 그것이 끝나고 나서 서로 의견을 교환했다.

그중에서 미국 쪽에서 해양개발에 관해 쓸데없는 경쟁을 하지 말고, 미, 일이 협력하여 나가자고 하는 의견이 나온 것이 인상적이었다(같은 의미의 것을, 이 여행 중에 여러 번 미국인들로부터 들었다). 이전에 내가 미국을 방문했을 때에는 미국인에게 일본은 전쟁에 패하였음에도 불구하고, 경제가 잘 부흥하고 있다고 동정적인 소리를 들었기 때문이었다. 이번에 미국에 와서 보니까 미국인은 일본을 대등하게 취급하고 있다고 느꼈다.

세미나가 끝나고, 호텔에 돌아오고 나서 잡담 중에 C 교수는 다음과 같은 의견을 필자에게 전했다. "미국의 자본주의는 자유경쟁을 하여 크게 된 것이다. 그것은 자기 특색이 나쁘게 되어 경쟁을 그만두고 협력하자고 말하기 시작했다. 이것은 실로 교활한 태도이기 때문에 일본은 충분히 주의해야 한다"라고.

C. 롱비치시 시찰

롱비치시는 로스앤젤레스 동남부 가까이 있는 항만도시이다. 여기를 방문한 주요 목적은 인공섬의 견학이었다. 먼저 시청에서 인공섬의 건설 경과 등의 이야기를 들었다. 동윌밍턴 유전이 롱비치의 앞바다에 널리 분포하고 있고, 이것을 개발하기 위하여 4개의 인공섬이 건설되었다(4장 참조). 이 유전은 길이 18㎞, 폭 6㎞이고, 일부는 육지에 의해, 대부분은 인공섬에 의해 개발되었다. 석유의 굴삭공은 소수의 것은 수직이지만, 대부분은 경사가 있었고, 그 최대 경사는 수직에서 70도였다.

우리는 강한 바람이 부는 와중에 모터보트에 타고, 육지에서 제일 먼 알파섬에 상륙했다. 섬 주위에는 야자나무나 다른 나무가 다수 심어져 있고, 자연의 섬이라고 하는 감을 느꼈다(그림 7-3). 우물 굴삭장치가 눈에 띄었지만, 지금은 굴삭 작업이 전부 끝나고 석유 생산만을 행하고 있었다. 섬에서는 다수의 석유탱크, 석유와 가스의 분리 장치, 펌프류, 파이프라인 등이 눈에 띄었다. 섬을 보고 나서 다시 모터보트에 타고 바다에서 먼 섬을 둘러보았다. 하나의 섬에는 관광용 폭포가 만들어져 있었다.

시청에 돌아오고 나서, 롱비치 항구의 설비에 관해서 들었다. 또 퀸메리호 계획에 대해서도 들었다. 세계 최대인 이 배는 롱비치시에서 세계 최대의 해양 박물관으로 만들기 위한 공사 중이었다.

D. 스크립스 해양연구소

이 연구소는 캘리포니아대학 소속으로 캘리포니아 남단 샌디

〈그림 7-3〉 인공섬

에이고에 가까운 바다에 면한 아름다운 부지 속에 있다.

세미나에서 다음과 같은 연구소의 활동 상황, 기타의 설명이 있었다. ① 조사, 연구—이 연구소에는 30톤부터 2,000톤까지의 조사선이 8척 있었고, 해양에 관한 넓은 범위의 연구를 적극적으로 행하고 있었다. 특히 크로머차렌지호에 의한 심해저의 조사, 해양과 대기의 상호작용 조사 및 북극해 연구에 힘을 쏟고 있었다. ② 조사선에서의 컴퓨터 이용—해양에서 파, 수심, 해저지형, 지질구조, 위치의 결정 등 각 종류의 측정은 컴퓨터의 도움을 받아 정도를 높일 수 있었다. 특히 크로머차렌지호는 컴퓨터에 의해 앵커 없이 정위치가 유지된다.

세미나 후에 우리들은 조사선 메르비르호 견학을 위해 항구로 향했다. 이 조사선은 2,025톤이고, 해양학에 관한 각 종류의 조사설비, 계측장치가 설치되었고, 26인의 과학자가 탈 수 있는 능력이 있었다. 이 항구와 같은 만의 반대 해안이 샌디에이고 군항이다. 그곳에는 다수의 군함이 정박하고 있었고, 그중에서도 큰 항공모함이 눈에 띄었다. 경치가 좋았기 때문에 우리들은 조사선에서 군함 사진을 찍기도 했다. 나는 1945년 이전의 Yokosuka의 일을 떠올렸지만, 이런 일은 일본에서는 상상도 할 수 없는 일이었다. 더욱더 이렇게 넓은 만에서는 군함을 숨길 수 없다.

돌아오는 도중에 혼자서 연구소를 방문하여 지질 전문의 P 교수를 만났다. 그는 나에게 이 연구소의 지질학 연구에 관해 설명했고, 응용 방면으로는 연안 개발이나 항구 건설에 지질학을 무시해서는 안 된다는 말을 첨가하였다. 잡담 도중, 근년 멕시코 부근에서 일본인이 새우를 많이 잡기 때문에, 새우의 가격이 높아져 곤란하다는 등의 이야기도 했다.

E. 샌디에이고에서의 회사 방문

미국에서 샌디에이고는 해양개발의 중심지이고, 매우 많은 해양개발에 관한 회사, 또는 큰 회사의 해양개발 부문이 있었다. 그러나 시간 관계상 우리가 방문한 것은 다음의 3개 회사뿐이다.

〈D 회사〉 이 회사는 해양학에 관한 각종 측정기-수중 텔레비전, 수중 카메라, 수중 라이트, 파고계, 수심계, 조류계, 소나 등-에 관해 연구하고, 제작하고 있었다. 또 컨설턴트로서 해양개발, 또는 해양오염 방지에 관해서 조사도 행하고 있었다. 특히 후자에 관해서는 유출된 기름의 처리, 폐수 처리 방법, 수질 유지 방법 등에 관한 상담에 응하고 있었다.

이날은 토요일이었지만 관계자가 출석했다. 젊은 여성이 우리들을 보살펴주었기 때문에 이상하게 생각되어 "오늘은 토요일인데…"라고 말을 걸었더니, 그녀는 설명자의 부인이었다. 미

〈그림 7-4〉 Deep Star 4000

〈그림 7-5〉 Deep Star 2000

국에서도 이와 같은 일이 있구나라고 무엇인가 새로운 것을 발견한 것과 같은 기분이었다.

〈W 전기회사 해양연구소〉 세계적으로 유명한 이 전기회사는 여기서 해양 연구를 하고 있었다. 즉 여기서는 해양생물학, 생물화학, 해양물리학의 일반 연구를 수행함과 동시에, 해수 오염의 생물에 대한 영향, 수중에서의 소리 주파수 등의 특수 문제도 취급하고 있었다. 또 여기서는 잠수조사선 Deep Star

〈그림 7-6〉 DSRV

4000(〈그림 7-4〉 참조) 및 2000(〈그림 7-5〉 참조)을 소유하고 조사에 사용하고 있었다.

〈L 항공기회사 해양연구소〉 여기서 건조된 잠수조사선 시크에스터는 중량 50톤이고 4,000m까지 잠수할 수 있다. 미국 해군의 잠수함 구조용 잠수정 DSRV는 중량 70톤, 1,500m까지 잠수할 수 있다. 우리는 후자를 이 연구소의 구내에서 볼 수 있었다(그림 7-6). 미국 해군의 소유물을 사진 찍는 것도 자유였기 때문에 의외의 감이었다.

샌디에이고항을 방문했을 때, 조사에서 막 돌아온 Deep Star 2000을 볼 수 있었다(그림 7-5). 또 우리는 이곳의 해양개발 관계자와 식사를 함께하며, 미국 쪽의 설명을 들었다. 샌디에이고 부근 우리들의 호텔 앞은 요트하버로 되어 있고, 무수한 요트가 계류되어 있었다. 또 20세 정도의 호텔 직원이 우리들의 조사 목적을 알았는지, 나는 잠수기술자가 될 것이라며 말을 걸어왔다.

F. 해양기술 회의

우리는 캘리포니아에서 텍사스로 날아가, 휴스턴에서 열린 해양기술 회의에 출석했다(회의 내용은 6장 참조).

회의와 병행하여, 다수의 해양개발 회사로부터 출품된 해양개발 장치 또는 그 모형의 전시가 행해졌다. 나는 강연을 듣고 전시를 둘러보았고, 매우 바쁜 3일간을 지냈다. 우리들과 같이 갔던 하와이대학의 C 교수는 "미국의 해양개발이면서 회의장에는 군인의 모습을 볼 수 없었다"라고 놀라고 있었다.

이 휴스턴에서는, 4월인데 상당히 더웠다.

G. 마이애미시에서의 조사

우리는 텍사스에서 플로리다로 날아가, 마이애미대학의 해양과학연구소를 방문했다.

여기서 행하고 있는 연구는 생물학, 어업과학, 해양물리학, 해양화학, 지질학 및 물리 탐사학이다. 해양물리학의 예로는 해양에서 소리의 전달을 측정하는 것이 있다. 해양으로부터 수십 킬로미터 떨어진 곳에서 다른 수심에서 소리를 발생시켜, 이것을 측정하여 조석의 흐름 방향, 해류의 속도, 온도의 변화, 염분 농도를 알 수 있다. 다른 연구소에서는, 해수 중에서 금속의 부식 및 부식 방지에 대해서 측정하고 있었다. 연구소 안을 안내해 주었을 때, 고가의 측정기에 '미국 해군' 표시가 붙어 있는 것을 발견했다.

다음에 우리는 연구소 가까이에 있는 '해양공원'을 방문했다. 여기서도 돌고래가 여러 가지 곡예를 보여주었다. 돌아가는 길에 마이애미 해변을 방문했지만, 도로 양쪽 수 킬로미터에 걸쳐 큰 호텔이 줄지어 있는 것에 놀랐다. 이 플로리다에서는 4월이라고 말해도 한여름의 태양이 빛나고, 정말로 밝았다.

한편, 우리가 묵은 호텔은 마이애미 비행장에서 편리한 장소에 있었고, 항공회사의 상시 숙박으로 되어 있었다. 호텔 수영장에서는 근무를 끝낸 스튜어디스가 수영과 일광욕을 하고 있었다. 그곳에서 나도 조금 수영했다.

그 후 휴스턴에서 알게 된 마이애미대학 교수로부터 대학을 안내받았는데 넓은 부지 속에 아름다운 건물이 줄지어 있었다. 그리고 대학 속에 훌륭한 볼링장이 있는 데에 감명받았다.

H. 팜비치에서 회사 방문

마이애미에서 북쪽으로 150㎞ 정도 떨어져 있는 팜비치시를 방문했다. 여기는 플로리다주에서 해양개발의 중심지였고, 다음의 회사를 방문했다.

〈G 항공회사〉 여기서 우리는 미국 최대의 잠수조사선 벤프란크린호를 보았다(그림 7-7). 최근 잠수 조사에서 막 돌아와서 바깥쪽은 더러워져 있었다. 이것은 길이 15m, 지름 3.3m, 중량 130톤이고, 측정장치가 있었다. 예를 들면 해저하의 지질구조를 정확히 조사할 수가 있다. 잠수 중 항상 연락 측정하는 것은 염분 농도, 온도, 압력, 소리의 속도 등이다.

〈P 회사〉 이 회사는 상업용 소형 잠수정을 만들고 있었다. 예를 들면 두 사람이 타고 90m 잠수할 수 있는 것이나 240m 잠수할 수 있는 것도 있다. 이들은 해저지질 조사, 해저구조물 탐사, 해저 파이프라인의 검사 등에 사용된다.

〈그림 7-7〉 벤프란크린호

* * *

대서양에 면한 플로리다주는 넓고, 건물은 그다지 없고 인구는 적은 것 같았다. 팜비치의 이름에 어울리게, 쭉쭉 뻗은 야자나무가 눈에 띄었고, 야자나무 사이에는 흰 건물이 점점이 보였다. 이와 같은 시골에서 일본제 자동차를 자주 보았다.

우리들을 보살펴준 것은 전역한 해군 대령이었다. 그는 위의 두 공장을 안내한 후에, 우리들을 시청에 데려갔다. 여기서 해양개발 관계자와 식사를 함께하였고, 나는 일본의 해양개발에 대해서 강연을 했다. 한편, 방송국에서 나에게 면회 와서, 해군 대령과의 대담을 촬영했다. 나는 조사단의 목적이나 이 시의 인상 등에 관해서 이야기했다. 그 대담은 그날 밤 방영되었을 것이었지만, 그 시간에 우리들은 워싱턴행 비행기 속에 있었다.

I. 워싱턴시에서의 조사

여름의 플로리다에서 워싱턴으로 오니까, 봄의 중간인 좋은 기후였다. 여기서는 다음과 같은 세미나를 열었고, 또 다른 국립 시설을 방문할 수 있었다.

〈세미나〉 세미나의 강사는 공학아카데미, 연안경비대, 해군 해양개발부 및 육군공병대의 각 전문가였고, 그 요점은 다음과 같은 것이다.

⑴ 미국의 해양공학

미국 정부는 해양개발에 관해서, 다음의 것에 중점을 두고 있다.

① 연안지역의 관리, ② 연안지역의 연구, ③ 오염된 5대호의 회복, ④ 해양개발에 관한 국제협력, ⑤ 북극해의 연구

다음에 해양개발에 관해서 민간에서 활동하고 있는 단체의 예로 공학 아카데미가 있었다. 회원은 각 종류의 전문공학에 속해 있었고, 정부에 대해서 공학에 관한 정책에 관해 조언하는 것을 임무로 하고 있었다. 해양개발에 관한 부분도 이 속에 포함되는데, 예를 들면 해양학에 관한 측정, 해양 자원에 관한 조사, 해양에 관한 연구와 교육, 바다에서의 안전성 등에 관해서 조언한다.

⑵ 데이터 부이 계획

데이터 부이에 의해 기상, 해상을 자동적으로 측정하여 해양개발에 도움이 될 것이다.

⑶ 해양공학에 관한 해군의 개발

미국 해군은 해양공학에 관해서 1년에 1억 달러의 돈을 쓰지만, 이 중 1/3은 기초연구에 할당한다. 이것은 해양개발의 기초를 연구하는 것이고, 미국인의 능력을 개발하는 것을 목적

으로 한다. 잠수기술에 관해서는 수심 600m를 대상으로 하여 연구하고 있다. 해중 조사로서는 잠수정의 연구를 행하고 있고, 수심 60~600m를 대상으로 하고 있었다.

(4) 해안공학에 있어서 육군의 개발

육군공병대는 군사 관계 이외에 공공사업을 행하고 있다. 이것은 해안공학에 관한 것으로 조류의 해안에 대한 영향, 해수오염 방지, 매립, 인공섬 건설 등이 포함된다.

해군 잠수실험소 여기서는 수심 300m를 대상으로 하여 실용적인 잠수기술을 연구하고 있었다. 예를 들면 고압 상태를 감압하는 방법, 헬륨 사용의 인공 공기가 인체에 대해 미치는 작용 등을 연구하고 있었고, 잠수복에 대해서는 민간회사에 질 수 없다는 듯이 노력하고 있었으며, 일본제 잠수복도 있었다. 여기서 우리에게 헬륨을 흡입시켜 주었고, 헬륨을 2회 깊게 흡입하여 소리를 내면 도날드덕처럼 되어 버리는 데 놀랐다. 해군시설에서 사진을 찍는 것은 완전히 자유였다. 여기의 해군은 일본인과 같이 체격이 작은 것을 발견했다.

국립 해양측정센터 여기서 행하고 있는 것은 회사에서 제작된 해양에 관한 측정기를 시험하여 평가하는 것, 측정기를 보정하는 것, 바다에 관한 기상측정의 표준을 만드는 것 및 일반적으로 측정 결과의 신뢰도를 높이는 것이다.

국립 해양학 데이터센터 여기서는 해양학에 관해서 측정된 매우 많은 데이터를 분류하고, 기록하고, 보존하는 것을 행하고 있었다.

해양개발 관계자와 회합 세미나가 있었던 날은 점심을 해양개발 관계자와 함께하고, 그 뒤 나는 일본의 해양개발에 대해서 강연했다. 이어서 서로 질문이나 의견 교환을 했다. 그 자리에서 나는 미국 정부의 해양개발 원안을 만드는 공무원과 알게 되었다.

다음 날 그의 관청을 방문하여, 미국의 해양개발에 대해서 자세한 점을 질문했다. 그 결과 큰 미국도 일본과 닮은 문제로 고민하는 것을 알았다. 예를 들면 바다에 면한 주에 인구가 점차로 이동하는 중인 것, 혹은 해안의 오염은 큰 문제가 되고 있는 것 등이었다. 그는 앞으로 기회를 만들어 일본과 미국 간의 해양개발에 관해서 의견을 나누고 싶다고 말했다.

또 이번 우리들의 조사여행 계획을 세워준 사람은 워싱턴에서 근무하고 있었고, 워싱턴에서 합류해 세미나나 견학의 도움을 받았다. 세미나가 끝난 날에 나는 레스토랑에서 그를 저녁식사에 초대하여 감사의 기분을 전했다. 그 후 그는 나를 자택에 안내하여 부인과 2명의 자녀에게 소개했다. 저녁에 오렌지가 나와서 캘리포니아의 오렌지를 생각하고 먹었지만, 그 정도로 좋지는 않았기에 놀랐다. 그건 플로리다산이었다.

J. 우즈홀 세미나

우리는 워싱턴에서 더 멀리 북동으로 나아가 매사추세츠주로 가서 우즈홀을 방문했다. 여기까지 오니까 5월 초인데 완전히 겨울철이고, 4일 전에 플로리다에서 수영했던 것이 꿈처럼 생각되었다. 우즈홀은 조용한 어촌이고, 여기에 유명한 해양과학 연구소가 있었다. 여기서 다음 내용의 세미나를 열었다.

① 해수 속의 화학물질에 대한 생물의 반응—바다의 생물, 특히 어류는 수중의 화학물질에 민감하다. 어떤 종류의 것은 특히 민감하다.

② 북미에서의 수산물 양식

③ 조류의 측정—여러 가지 깊이에 있어서 조류를 측정하고, 해중의 흐름을 정확하게 알 수 있다.

④ 바다의 자원

⑤ 해양광물 개발에 관한 법률—이것에 관한 국제법은 불완전하다.

⑥ 하늘로부터 분광분석—비행기에서 파장을 바꾸어 사진을 찍고, 이것을 분석하는 것에 의해 해수의 오염을 정확하게 알 수가 있다.

⑦ 탄화수소에 의한 해수 오염—석유 및 도시 하수에 의해 해수는 오염되기 쉽다. 석유를 해면에 쏟지 않는 것이 가장 중요하다.

⑧ 해양조사선

⑨ 홍해의 경제적 가치

세미나 후에 연구소의 시설을 본 것과 동시에, 조사선 아틀란티스 2호의 내부를 자세히 보았다. 저녁때 소장을 비롯한 연구소의 간부가 우리들을 위하여 칵테일 파티를 열어 주었다.

연구소 견학 등이 모두 끝나고 나서, 우리들은 버스에 타고 우즈홀을 출발, 메이플라워의 상륙지점을 발견했다. 여기에는 복원한 메이플라워가 놓여 있었다. 그곳에서 의외로 오래된 느낌을 주는 보스턴시에 들어가 호텔에 묵었다.

다음 날은 어수선한 느낌이 드는 뉴욕으로 날아가, 한나절을 시내 구경 등으로 소비했다. 단체로서는 마지막 호텔 숙박, 다음 날에 조사단은 해산하고, 각자가 자유행동을 취했다.

K. 캘리포니아의 연구소

나는 혼자서 텍사스로 가서 대학을 방문한 후, 캘리포니아로 되돌아왔다. 여기서는 대학과 석유연구소 이외에, 다음과 같은 바다에 관련한 2개의 연구소를 방문했다.

해양 광물기술센터 여기서 행하고 있는 주요한 연구는 다음의 것이다.

① 물리 탐사에 의한 해저하의 지질구조 조사

② 해저하로부터 지질 자료를 얻는 것

③ 고체 광물 자원의 개발에 관한 것

④ 해수 오염에 관한 것

여기서는 이들 연구에 필요한 시설이 정비되어 있고, 100톤과 1,200톤의 조사선을 사용했다. 또 샌프란시스코 가까이 있는 이 지역에는 작은 하구가 많고, 일본의 경치와 닮은 것이 의외였다.

지질조사소의 해양지질부 이것은 샌프란시스코의 조금 남쪽에 있다. 여기서 행하고 있는 조사, 연구는 다음의 것이다.

① 물리 탐사에 무게를 둔 해양지질 조사

② 해저지질도의 작성

③ 연안 개발, 해양개발에 관한 공해 방지

이곳에서는 예를 들면 육지에 대한 해수의 침입 문제에 대해서, 해저하의 지질구조를 정확하게 조사하는 등과 같은 기초조사를 확실하게 행하는 것이다.

나는 여기에 지질 출신이 몇 사람 있고, 지구물리 출신이 몇 사람 있는가 하고 물었다. 조사소의 사람은 얼굴을 보고 세기 시작했지만, 결국 알 수 없었다. 그 이유는, 일찍이 지질 출신이었던 사람이 지금은 지구물리 전문가가 되어 있고, 또 그 반대가 있었고, 사람이 전공을 몇 번이나 정하기 때문이었다. 일본에서는 학교의 졸업과 동시에 전공이 정해져 일생 변하지 않기 때문에, 이와 같은 생각을 할 수가 없었다. 미국에서는 이처럼 사람을 활용하기 때문에 기술이 진보하는 것은 당연하다고 생각한다.

여기서는 280톤과 60톤의 조사선이 사용되고 있었다. 나는 해안까지 안내되어, 후자를 볼 수 있었다. 이것은 스마트한 모터보트라는 감이었지만, 그곳에 쌓여 올려져 있는 높은 성능의 측정기가 있었다. 안내자는 적은 사람으로 가볍게 조사할 수 있기 때문에 편리하다고 말하였다. 나중에 또 부자가 가지고 있던 이 보트를 얼마나 값싸게 손에 넣었는가를 자세하게 이야기해 주었다. 미국에서도 국립 기관이 적은 연구비에 고생하고 있는 것을 알았다.

L. 결론

1개월에 걸친 나의 조사 여행의 대략이다.

미국의 해양개발도 어수선하지만, 그곳에는 분명히 2개의 기둥이 서 있다. 그것은 군비와 석유 개발이다. 이 기둥이 있기 때문에 미국의 해양개발은 오늘날과 같이 다른 나라를 따돌리고 진보했다. 미국의 해양개발 국가 예산은 일본보다 훨씬 많고, 그리고 큰 부분이 기초연구에 사용되고 있는 것에 주목해야 한다. 해양개발에 관해서 일본과 미국에서는 공통 문제도 있지만, 섬과 대륙은 근본적으로 조건이 다르기 때문에 역시 일본은 독자의 방침을 세워서 발전시켜야 한다는 조사 결론을 얻었다.

이 조사 여행의 대부분은 미국 쪽이 계획한 것이고, 우리는 다수의 장소를 방문하고, 또 다수의 미국 답을 들었다.

3. 일본의 정책

일본은 수산업, 해운업, 조선업의 역사가 오래되었고, 따라서 세계적인 실력을 갖추고 있다. 그러나 이들을 뺀 새로운 해양개발에 대해서는 아직 역사가 짧다. 그래서 앞으로 일본의 새로운 해양개발의 발전은 국가 정책에 크게 의존할 수밖에 없다.

이 이유로, 지금까지 일본 정부가 해양개발에 대해서 행해온 정책에 대해서 설명한다.

A. 해양과학기술심의회의 설치

정부는 1961년에 해양과학기술심의회를 설치했다. 이 심의회는 1964년까지 총리대신에게 해양과학기술을 추진하기 위한 기본 방침에 대해서 제1호 및 제2호의 답신을 냈다. 그러나 이 시기에는 국가가 본격적으로 해양개발에 뛰어들지는 않았다.

1968년에 심의회 위원의 교체가 있었고, 1969년에 총리대신에게 제3호의 답신을 냈다. 이 내용은 「해양개발을 위한 과학기술에 관한 개발 계획에 대해서」를 정리한 것이다.

이것은 해양개발 전반에 관한 것이다. 국가가 해양개발을 적극적으로 행하게 된 것은 이때부터라고 말할 수 있다. 이것은 국가 예산에 나타나고 있다.

해양개발 관계 예산은 1968년 17억 엔, 1969년 32억 엔, 1970년 46억 엔, 1971년 67억 엔, 1972년 89억 엔, 1973년 102억 엔으로 되었고, 1969년 이후에 급속하게 증가했다. 이것은 민간산업을 자극하여, 1969년 이후 해양개발은 일본의 산업계에서 일종의 유행이 되었다.

이와 같은 의미를 가진 제3호 답신의 요점에 대해서 다음에 설명한다.

B. 해양과학기술회의 제3호 답신

〈종래의 해양개발〉 일본에서 수산업은 질 및 양에 있어서 세계 제1급의 기술을 가지고 있고, 연안 개발이나 해운 등을 통해 연안 이용에 관해서도 상당한 실적을 가지고 있다. 일본은 전통적인 해양 이용 분야에서는 일률적으로 높은 수준에 있다고 말할 수 있다. 그러나 앞으로의 해양개발은 보다 깊은 해양의 대규모 개발로 향하고 있고, 첨단적인 과학기술을 종합적으로 활용하여 추진해야 한다. 종합적인 새로운 해양개발에서 일본은 뒤늦었기 때문에, 앞으로는 이 방향으로 힘을 쏟아야 한다.

〈앞으로의 해양개발〉 해양은 인류의 발전에 대해서 여러 가지 가능성을 가지고 있다. 또 개발 분야는 여러 분야에 걸쳐 있으며, 해양의 조사연구, 과학기술의 개발 추진에 의해 이들 각 방면에 대한 가능성을 현실로 만들 수 있다.

그러나 앞으로의 해양개발은 광범위하고 여러 분야에 걸친 첨단 과학기술을 종합적으로 구사하여 추진해야 하는 것이다. 그 효율적인 추진을 도모하기 위해서는 관, 학, 민의 밀접하고 조직적인 연대가 필요하다. 특히 대규모 계획에 대해서는 기술적 파급효과를 고려하여 국가로서 주도적인 역할을 하고, 각각의 방면에 총력을 결집하여 이것을 추진할 필요가 있다.

〈중요한 과제〉 해양개발을 위한 과학기술의 많은 과제 중에서, 국가가 주도적인 역할을 하면서 추진해야 할 중요한 과제를 나타내면 다음과 같다.

⑴ 일본 주변 대륙붕 해저의 종합적인 기초조사

이에 행해야 할 기초조사는 해저지형 및 지질조사, 광물 자원에 관한 조사 및 해저지형, 지질의 정사(精査)기술 연구이다.

이 때문에 조사장치의 근대화와 기술 개발이 필요하고, 앞으로 준비해야 할 장치 또는 기술로서는 지질조사선, 해저 보링 장치, 각종의 물리 탐사기기, 해저지질 시료 채취기, 측정위치 결정을 위한 기기, 물리 탐사의 정보처리, 해석기술 등이다.

⑵ 해양환경의 조사연구 및 해양정보의 관리

해양과 대기의 상호작용, 생물환경 등의 기초적 연구 및 해역별 조사를 계획적으로 행하고, 해양환경의 실태, 변동의 기구를 해석한다.

이것을 위해서는 자동 관측 부이 로봇 등의 고성능 조사 관측 기기의 개발정비가 필요하다. 또 조사용 선박 및 항공기와 충실(充實)을 도모하는 것에 의해 조사 관측체제를 정비하는 것과 함께, 얻어진 정보를 신속하게 처리하는 정보관리를 강화할 필요가 있다.

(3) 해중 재배실험 어장에 의한 재배어업 기술의 개발(생략)

(4) 대심도 원격조작 굴삭장치 등에 관한 기술 개발

해저유전의 개발은 해상에서 굴삭하여 채유하는 방법이 행해지고 있지만, 수심이 깊어지면 이 방법이 가장 좋다고는 말하기 어렵게 된다.

이 이유로 굴삭 장치의 일부 또는 전부를 해중에 넣어서 원격 조작에 의해 굴삭하는 기술의 개발이 바람직하다.

(5) 해양개발에 필요한 선행적, 공통적 기술의 연구 개발

해양의 대규모 개발을 행하기 위해서는 격심한 파, 해수에 의한 부식, 매우 높은 수압, 공기와 빛의 결여 등 해양이라고 하는 특수한 환경에 있어서 잔혹한 환경을 극복해 나가야 한다. 해중에서 조사, 작업을 행하기 위해서는 다음의 항목에 대해서 연구할 필요가 있다.

① 직접 잠수기술의 연구 개발

해중 의학을 중심으로 하여 공기잠수, 해중 거주 등에 관한 기기 및 기술에 대해서 연구, 개발한다.

② 선행적, 기초적 기술의 연구 개발

ⓐ 해양 전자기술에 관한 연구(정보처리 기술, 원격조작 기술, 해중 통신기술 등)

ⓑ 에너지기술에 관한 연구(해중 작업에 필요한 동력원, 추진

방식 등)

ⓒ 해양 토목기술에 관한 연구 개발

③ 해수 잠수조사선의 개발

6,000m에서 잠수할 수 있는 조사선을 개발한다.

④ 대형 공용실험 시설 등의 개발

ⓐ 해중 작업기지

ⓑ 공통 실험 해역의 정비

ⓒ 고압시험용 수조의 설치

ⓓ 해저 관측탑의 개발

⑤ 내식성 재료 및 방청, 방식법의 연구 개발

⑥ 기타

해수의 담수화 기술은 수자원의 확보와 해수의 유효 이용의 관점으로부터 개발이 분주하다. 또 심해저에 있는 망가니즈단괴의 조사 및 채취를 위해 기술 개발을 진보시킬 필요가 있다.

C. 해양개발심의회의 설치

이미 설명한 것과 같이, 일본의 해양개발은 해양과학기술심의회의 제3호 답신에 자극받아 활발하게 움직이기 시작했다.

그 예의 하나로, 정부와 민간의 공동출자에 의한 해양과학기술센터와 해양수산 자원 개발센터가 1971년에 설립되었다. 전자는 잠수기술, 해양조사에 관해서 연구 및 인재의 양성을 행하는 것으로, 먼저 해중 거주 등 잠수기술에 관해서 연구를 시작했다. 후자는 새로운 수산 자원의 개발을 목적으로 하는 것으로, 새로운 어장 개발 및 국제어장에 있어서 생물 자원의 조사를 행하고 있다.

제3호 답신 이후, 각 회사에서 새로운 해양개발에 연계한 사업을 행하는 것이 많아졌다. 이것은 해양개발이 앞으로 산업으로 발전하기 시작한 것을 나타낸 것이다. 그래서 정부는 1971년에 해양과학기술심의회를 발전적으로 해체하고, 해양개발심의회를 설치했다. 이 심의회는 앞으로 행해야 할 일본의 해양개발에 대해서 심의하고, 1973년 10월에 총리대신에게 「해양개발추진의 기본적 구상 및 기본적 방책에 대해서」 제1호의 답신을 냈다. 그 요점을 나타내면 다음과 같다.

D. 해양개발심의회 제1호 답신

〈해양개발의 의의〉 해양은 많은 가능성을 가지고 있지만, 이것에 과학기술을 적용하여 새로운 분야로 해양개발을 행하고, 인류의 복지 향상에 도움이 되어야 한다. 앞으로 일본에서 행해지는 해양개발은 다음의 점에서 사회에 공헌한다.

⑴ 동물성 단백질 식량: 이것에 관해서 해양생물 자원의 개발이 사회에 공헌한다.

⑵ 광물 자원: 이들의 주요한 대상은 석유, 천연가스 및 망가니즈단괴이다.

⑶ 해수 및 해양에너지 자원: 해수의 담수화 및 해수로부터 식염, 브로민, 마그네슘의 추출은 이미 행해지고 있지만, 앞으로 우라늄, 리튬, 중수 등의 추출이 사회에 도움이 된다. 이것과 함께 해양에너지 이용의 연구가 필요하다.

⑷ 해양공간: 앞으로는 현재보다 더욱더 해양공간을 많이 이용하는 것이 기대된다.

⑸ 과학기술의 진보: 해양개발에는 거친 자연조건에 견딜 수 있

는 과학기술이 요구되지만, 이것은 과학기술 전반의 수준 향상에 크게 공헌한다.

(6) 경제발전: 해양개발은 신규 산업으로서 일본의 경제발전에 공헌한다.

위와 같이 해양개발의 의의를 고려하는 경우, 잊어버려서는 안 되는 것이 해양환경 보존의 중요성이다. 앞으로 해양개발 추진에서는, 그것이 해양환경에 미치는 영향에 대해서 충분히 고려하고, 개발과 보존이 정연히 양립하는 것을 목표로 해야 한다. 개발이 해양환경의 파괴로 연결된다면 개발의 의의는 없어지게 되기 때문이다.

해양개발 추진의 기본적 구상　앞으로 일본에서 행하는 해양개발은 다음과 같은 기본적인 생각에 근거해야 한다.

(1) 환경 보존과 일체화한 개발을 추진한다. 종래는 개발에 따른 환경 파괴에 그다지 주의하지 않았지만, 앞으로의 해양개발은 환경 보존에 특히 힘을 쏟아야 한다.

(2) 개발을 종합적으로 추진한다. 해양개발 분야는 매우 광범위하게 걸쳐 있기 때문에, 이것이 필요하다.

(3) 해양과학기술의 개발을 선행적으로 추진한다.

(4) 개발을 국제환경에 조화하여 추진한다.

해양개발 추진을 위한 중요시책

(1) 해양개발 추진 기반의 정비

해양개발을 강력하게 행하는 데는, 먼저 해양개발 추진체제의 강화가 필요하다. 이 때문에 정부에서 추진체제 강화를 먼저 행하고, 다음에 학계 연구 활동으로의 지원, 해양개발 관련 기업의 육성, 정부-학계-민간의 협력체제의 강화 등을 행한다. 이것과 병행하여 관련된 법제의 정비, 연구자, 기술자의 양성 등을 행한다.

⑵ 해양과학기술의 추진

① 해양의 조사: 연안 해역, 일본 주변 해역, 대양역의 조사를 행한다. 이것에는 심해도 포함된다.

② 해양 정보관리 시스템의 확립: 해양정보에는 종류가 많기 때문에, 먼저 각 조사 관측 기관의 정보관리 시스템을 정비한다.

③ 해저 석유 개발 시스템의 개발: 수심 200~250m의 수중에서 굴삭 또는 석유 생산을 하는 기술을 개발한다.

④ 해양생물 자원 개발 시스템의 개발: 이것에는 해양목장 시스템 및 미이용 자원 개발 시스템이 포함된다.

⑤ 해양구조물의 건조기술 개발: 해중에 구조물을 건조하는 기술 및 부유구조물에 관한 기술을 확립한다.

⑥ 해양환경의 보전: 앞으로의 해양개발에는 해양환경의 보전, 방재가 중요한 과제가 된다. 이 때문에 연안역의 보전 및 해양오염의 방지에 관한 조사, 연구와 해양환경의 보전, 개선을 위한 기술 개발을 종합적으로 추진한다.

⑦ 심해조사 시스템 및 기기의 개발: 앞으로의 해양개발은 점차 심해에 영향을 미치기 때문에, 그 준비로 수심 6,000m까지 조사할 수 있는 잠수조사선의 연구 개발을 추진한다.

⑧ 해중 작업 시스템 및 기기 개발: 앞으로는 해중 작업이

증가하기 때문에 해중 작업 로봇의 개발과 잠수 작업 시스템의 개발을 추진한다.

⑶ 해양환경 보전시책의 강화

① 해양환경 보전의식의 고양: 해양환경의 오염은 인류의 생존 기반을 위협할 정도의 중대한 영향을 가지고 있기 때문에, 해양환경 보전의 중요성에 대해서 국민 전체의 의식 고양을 도모한다.

② 관련 과학기술의 연구 개발: 해양오염에 관해서 유효한 조사 방법을 급히 개발할 필요가 있다. 또 해양환경의 보전, 개선을 위한 기술 개발은 매우 중요하고, 오염의 발생원 처리기술, 오염물질의 제거, 무해화를 위한 기술 등의 연구 개발을 강력하게 추진해야 한다.

③ 법제의 강화 및 감시 체제의 확립: 해역에 있어서 환경기준 및 그것을 달성하기 위한 배출 기준은 해양오염의 현상, 장래의 전망, 국제 동향과 관련하여 끊임없이 검토해야 한다.

④ 관련 사업의 확충 강화: 정부는 하수도의 정비 등 사회자본의 충실을 도모하고 오염의 진행을 방지함과 함께, 오염된 해역에서는 그 개선을 도모하는 사업을 적극적으로 추진해야 한다.

⑷ 국제환경에 조화한 해양개발의 추진

① 국제질서 확립으로의 적극적 참가: 최근의 국제적인 경향으로서, 종래 행해져 온 '해양자유'의 원칙에 대해, 대폭적인 제약이 행해지고 있다. 이때 일본에서는 해양의 개발

이용에 관해 이와 같은 국제적인 방향과 일본의 방향을 조화시켜 국가로서의 방침을 수립하여, 국제적으로 법질서를 확립하기 위한 주도적인 역할을 해야 한다.

② 국제협력의 적극적 추진: 국제 환경 보전을 포함한 해양개발 관련의 국제협력은 앞으로 점점 증가하는 경향에 있고, 일본은 그 기반으로서 협력체제를 정비 확충하여 갈 필요가 있다.

③ 발전도상국에 대한 원조의 추진: 해양개발에 관해 발전도상국의 기대를 구체적으로 파악하고, 효율적인 원조를 행할 필요가 있다.

8장

결론—해양개발의 장래

지금까지 해양개발의 기술을 중심으로 하여 해설하였고, 그 골조가 되는 점, 세계의 동향 등에 관해서 설명해 왔다. 이 마지막 장에서 그 전체를 되돌아보아 결론적인 장래의 해양개발에 관해서 생각해 보고 싶다. 또 이 책에서는 해양개발을 옛날부터 행하고 있는 수산업 및 해운업 관계를 뺀 새로운 것에 한정하고 있다.

A. 해양개발의 성격

해양개발은 많은 종류의 기술이 모인 복잡한 내용의 것이지만, 그 성격을 한마디로 말하면 '장래에 대해서 크게 성장할 가능성을 가진 미래 산업'이라고 말할 수 있다. 해양개발을 이처럼 생각하는 이유는 다음과 같다.

즉 일본은 국토가 좁고, 인구가 많기 때문에 바다를 이용할 필요에 쫓기고 있다. 한편, 일본은 높은 기술 수준을 가지고 있기 때문에 해양개발을 행할 능력이 있다. 최근에 일본에 해양개발을 행하는 동기가 일어나, 그것이 점차로 활발하게 되어 왔다. 그래서 해양개발의 장래는 크게 발전할 것으로 기대된다.

B. 해양개발의 정신

해양개발은 바다를 어떤 목적에 이용하기 때문에, 주의하지 않으면 자연의 아름다움을 파괴할 위험이 있다. 그래서 해양개발을 행하는 경우에는 '바다의 아름다움을 파괴하지 않는다'는 생각을 가지는 것이 필요하고, 이것이 해양개발의 정신이다. 이 생각에 근거하여, 해양개발을 정의하면 '해양개발이란 자연의 아름다움을 지키면서, 해양을 인류에게 도움이 되도록 이용하는 것'이라고 말할 수 있다.

C. 기초가 되는 기술

적극적인 해양개발을 행하는 경우에 반드시 사용되는 기술을 기초기술로 고려하여, 이들을 조사기술, 잠수기술, 작업대에 관한 기술 및 해수의 작용에 대한 기술의 4종류로 한다. 장래 해양개발을 발전시키기 위해서는, 이들 기술의 경제성을 고려하면서 진보시키는 것이 필요하다.

D. 해양의 이용

해양의 이용으로서는 공간, 에너지 및 해수 이용의 3종류를 생각할 수가 있다. 이 중 해양공간의 이용이 장래에 가장 성대하게 발전할 것으로 생각된다. 일본은 육지가 좁기 때문이다. 이미 항만이나 공장이 인공섬 위에 건설되어 있고, 가까운 장래에 공항이나 발전소가 바다로 진출할 것이다. 해양에너지 중에서 일본에서 사용될 가능성이 있는 것은 파 에너지뿐이다. 현재는 100W 정도 이하의 작은 발전기만 사용되고 있지만, 지금부터 석유가 고가가 되기 때문에 무료의 파 에너지를 유효하게 이용하기 위해 적극적으로 연구해야 한다. 해수의 이용에서는 공업용 냉각수로 해수의 사용이 점점 많아질 것이다. 해수의 담수화에 대해서는 연료를 다량으로 필요로 하는 것이 앞으로 환영받지 못할 것이다.

E. 환경 문제

해양개발을 행하는 경우에 바다를 오염시키는 일은 허락되지 않는다. 그러나 현실적으로는 바다가 상당 오염되었고, 점점 나쁜 환경이 되고 있다. 해수 오염의 큰 원인은 선박(탱커 포함)이고, 한편으로는 육지로부터의 폐수이다. 즉 육지가 해수 오염의 큰 원인 중 하나이다.

일본과 같은 섬나라는 바다가 오염되면 육지에 사는 우리에게 영향이 미친다. 장래는 일본의 공업화 및 도시화가 더욱더 진행되기 때문에, 해양을 더 나쁜 환경으로 만들지 않도록 노력해야 한다. 그것에는 국가 정책을 이 방향으로 향하도록 하는 것이 필요하다.

F. 산업으로서의 해양개발

석유가 가지고 있는 자연의 성질은 많은 점에서 해양개발에 적합하다. 한편, 석유는 중요한 에너지이고, 개발이 요구되고 있다. 이 이유에서 석유 개발은 산업적으로 해양개발의 왕좌를 점하고 있다. 이것은 장래도 당분간 지속되겠다. 다른 산업은 석유 개발로 진보된 기술을 감사하게 이용해야 한다.

장래의 광물 자원으로는 망가니즈단괴가 유망하다. 그러나 일본에서는 이것에 관해서 거의 조사하고 있지 않기 때문에, 10년 이상에 걸쳐 면밀한 조사를 행하는 것이 장래에 있어서 망가니즈단괴를 경제적으로 개발하기 위한 제1보이다.

장래에 일본에서는 해양공간의 이용에 큰 힘을 쏟을 것이다. 이것에 직접 관계하는 것이 해양토목이다. 이 점에서 해양토목은 장래에 바빠질 산업으로 예상해도 된다.

현재는 그 정도로 눈에 띄지 않지만, 장래에는 크게 발전할 산업으로서 해양의 레크리에이션이 있다. 별도로 발전시키기 위해서는 필요한 시설을 만드는 것과 자연을 파괴하지 않는 것을 확실하게 실행하는 것이 가장 중요하다.

해양개발에는 많은 종류의 장치가 사용되기 때문에, 이들의 기기를 제조하는 산업의 장래는 밝다. 단 자연의 엄한 조건에 견딜 수 있는 장치를 제조하는 현재의 높은 기술 수준을 앞으로도 유지하기 위한 노력이 필요하다.

G. 앞으로의 국가 방침

일본의 새로운 해양개발의 역사는 짧기 때문에, 앞으로 이것을 발전시키기 위해서는 국가가 강력한 정책을 세워서 추진해야 한다. 이것을 위해서는 기초적인 연구를 선행하면서 해양개발 전체를 계획적으로 추진해야 한다. 이때 잊어버리지 말아야 하는 것은 해양환경의 보전과 국제적인 협조이다.

후기

이 책의 원고를 쓰기 시작하고 나서 오늘까지 1년이 지났지만, 이 1년간에 일본 경제는 크게 변했다. 그 원인은 무책임한 정치에 의한 것이지만, 그것에 필적할 만한 것이 석유 위기이다. 그래서 현재, 일본에서는 잊어버리고 있던 에너지 문제가 활발하게 논의되고 있다. '새로운 해양개발'은 에너지 문제에 관해서 상당한 해결 능력을 갖추고 있다. 그러나 이것도 미리 매듭지어 놓지 않으면 전혀 도움이 되지 않는다. 석유 이외의 자원이나 공간의 개발에 관해서, 새로운 해양개발은 경제적으로 상당한 가치를 가지고 있다.

그런데 실제로는 일본이 새로운 해양개발에 손댄 게 1970년대 초의 일이다. 그래서 해양개발의 지식이 일본에서는 아직 일반적으로 넓게 퍼져 있다고는 말할 수 없다. 지금부터의 일본 경제를 고려하면, 일본인은 새로운 해양개발에 관해서, 그 특색이나 기술적 문제 등에 대해서 알아야 하는 것이 많이 있다.

내가 이 책의 집필을 생각했던 것은 이 이유에서이다. 그러나 해양개발은 많은 분야에서 이루어지고 있기 때문에, 실제로 사용해 보니까 전체의 관계를 잃어버리지 않도록 하면서 각 전문기술의 요점을 알기 쉽게 설명하고, 또한 새로운 지식도 많이 첨가하여 작은 책으로 정리하는 것은 곤란한 일이라는 것을 알았다. 그래서 여기서 끝내고 되돌아보면, 독자가 기대하고 있는 내용을 담았는가 하고 계속 걱정하고 있다.

이 책을 통해 독자가 해양개발의 재미와 중요성을 알고, 혹은 바다에 관해 흥미를 갖게 되면 나는 매우 만족할 것이다. 이 책은 상쾌한 입문서이기 때문에, 독자가 전문서에 의해 더욱더 깊은 지식을 얻기를 간절히 희망한다.

해양은 많은 전공으로 구성되어 있기 때문에, 이 책의 집필에 많은 문헌을 참고로 했다. 또 원고의 정리와 그 밖의 것에 대해 도쿄대학 출판부의 Yamada 씨에게 대단한 신세를 졌다. 여기에 Yamada 씨에게도 깊이 감사를 드린다.

마지막으로 독자에게 한마디하고 싶다. 지금부터라도 해양이나 해양개발에 관해서 때때로 생각하며 세계에 널리 분포해 있는 해양에 대해서 생각해 보기 바란다. 이것은 좁게 닫힌 육상생활의 답답한 기분을 털어내고, 미래에 대해서 밝은 희망을 줄 것으로 믿는다.

해양개발

기술과 미래

초판 1쇄 1999년 08월 20일
개정 1쇄 2019년 10월 28일

지은이 후지이 키요미츠
옮긴이 고유봉·김남형
펴낸이 손영일
펴낸곳 전파과학사
주소 서울시 서대문구 증가로 18, 204호
등록 1956. 7. 23. 등록 제10-89호
전화 (02)333-8877(8855)
FAX (02)334-8092
홈페이지 www.s-wave.co.kr
E-mail chonpa2@hanmail.net
공식블로그 http://blog.naver.com/siencia

ISBN 978-89-7044-908-1 (03500)
파본은 구입처에서 교환해 드립니다.
정가는 커버에 표시되어 있습니다.

도서목록

현대과학신서

A1 일반상대론의 물리적 기초
A2 아인슈타인 I
A3 아인슈타인 II
A4 미지의 세계로의 여행
A5 천재의 정신병리
A6 자석 이야기
A7 러더퍼드와 원자의 본질
A9 중력
A10 중국과학의 사상
A11 재미있는 물리실험
A12 물리학이란 무엇인가
A13 불교와 자연과학
A14 대륙은 움직인다
A15 대륙은 살아있다
A16 창조 공학
A17 분자생물학 입문 I
A18 물
A19 재미있는 물리학 I
A20 재미있는 물리학 II
A21 우리가 처음은 아니다
A22 바이러스의 세계
A23 탐구학습 과학실험
A24 과학사의 뒷얘기 1
A25 과학사의 뒷얘기 2
A26 과학사의 뒷얘기 3
A27 과학사의 뒷얘기 4
A28 공간의 역사
A29 물리학을 뒤흔든 30년
A30 별의 물리
A31 신소재 혁명
A32 현대과학의 기독교적 이해
A33 서양과학사
A34 생명의 뿌리
A35 물리학사
A36 자기개발법
A37 양자전자공학
A38 과학 재능의 교육
A39 마찰 이야기
A40 지질학, 지구사 그리고 인류
A41 레이저 이야기
A42 생명의 기원
A43 공기의 탐구
A44 바이오 센서
A45 동물의 사회행동
A46 아이작 뉴턴
A47 생물학사
A48 레이저와 홀러그러피
A49 처음 3분간
A50 종교와 과학
A51 물리철학
A52 화학과 범죄
A53 수학의 약점
A54 생명이란 무엇인가
A55 양자역학의 세계상
A56 일본인과 근대과학
A57 호르몬
A58 생활 속의 화학
A59 셈과 사람과 컴퓨터
A60 우리가 먹는 화학물질
A61 물리법칙의 특성
A62 진화
A63 아시모프의 천문학 입문
A64 잃어버린 장
A65 별· 은하 우주

도서목록

BLUE BACKS

1. 광합성의 세계
2. 원자핵의 세계
3. 맥스웰의 도깨비
4. 원소란 무엇인가
5. 4차원의 세계
6. 우주란 무엇인가
7. 지구란 무엇인가
8. 새로운 생물학(품절)
9. 마이컴의 제작법(절판)
10. 과학사의 새로운 관점
11. 생명의 물리학(품절)
12. 인류가 나타난 날 I (품절)
13. 인류가 나타난 날II(품절)
14. 잠이란 무엇인가
15. 양자역학의 세계
16. 생명합성에의 길(품절)
17. 상대론적 우주론
18. 신체의 소사전
19. 생명의 탄생(품절)
20. 인간 영양학(절판)
21. 식물의 병(절판)
22. 물성물리학의 세계
23. 물리학의 재발견〈상〉
24. 생명을 만드는 물질
25. 물이란 무엇인가(품절)
26. 촉매란 무엇인가(품절)
27. 기계의 재발견
28. 공간학에의 초대(품절)
29. 행성과 생명(품절)
30. 구급의학 입문(절판)
31. 물리학의 재발견〈하〉
32. 열 번째 행성
33. 수의 장난감상자
34. 전파기술에의 초대
35. 유전독물
36. 인터페론이란 무엇인가
37. 쿼크
38. 전파기술입문
39. 유전자에 관한 50가지 기초지식
40. 4차원 문답
41. 과학적 트레이닝(절판)
42. 소립자론의 세계
43. 쉬운 역학 교실(품절)
44. 전자기파란 무엇인가
45. 초광속입자 타키온
46. 파인 세라믹스
47. 아인슈타인의 생애
48. 식물의 섹스
49. 바이오 테크놀러지
50. 새로운 화학
51. 나는 전자이다
52. 분자생물학 입문
53. 유전자가 말하는 생명의 모습
54. 분체의 과학(품절)
55. 섹스 사이언스
56. 교실에서 못 배우는 식물이야기(품절)
57. 화학이 좋아지는 책
58. 유기화학이 좋아지는 책
59. 노화는 왜 일어나는가
60. 리더십의 과학(절판)
61. DNA학 입문
62. 아몰퍼스
63. 안테나의 과학
64. 방정식의 이해와 해법
65. 단백질이란 무엇인가
66. 자석의 ABC
67. 물리학의 ABC
68. 천체관측 가이드(품절)
69. 노벨상으로 말하는 20세기 물리학
70. 지능이란 무엇인가
71. 과학자와 기독교(품절)
72. 알기 쉬운 양자론
73. 전자기학의 ABC
74. 세포의 사회(품절)
75. 산수 100가지 난문·기문
76. 반물질의 세계(품절)
77. 생체막이란 무엇인가(품절)
78. 빛으로 말하는 현대물리학
79. 소사전·미생물의 수첩(품절)
80. 새로운 유기화학(품절)
81. 중성자 물리의 세계
82. 초고진공이 여는 세계
83. 프랑스 혁명과 수학자들
84. 초전도란 무엇인가
85. 괴담의 과학(품절)
86. 전파란 위험하지 않은가(품절)
87. 과학자는 왜 선취권을 노리는가?
88. 플라스마의 세계
89. 머리가 좋아지는 영양학
90. 수학 질문 상자

91. 컴퓨터 그래픽의 세계
92. 퍼스컴 통계학 입문
93. OS/2로의 초대
94. 분리의 과학
95. 바다 야채
96. 잃어버린 세계·과학의 여행
97. 식물 바이오 테크놀러지
98. 새로운 양자생물학(품절)
99. 꿈의 신소재·기능성 고분자
100. 바이오 테크놀러지 용어사전
101. Quick C 첫걸음
102. 지식공학 입문
103. 퍼스컴으로 즐기는 수학
104. PC통신 입문
105. RNA 이야기
106. 인공지능의 ABC
107. 진화론이 변하고 있다
108. 지구의 수호신·성층권 오존
109. MS-Window란 무엇인가
110. 오답으로부터 배운다
111. PC C언어 입문
112. 시간의 불가사의
113. 뇌사란 무엇인가?
114. 세라믹 센서
115. PC LAN은 무엇인가?
116. 생물물리의 최전선
117. 사람은 방사선에 왜 약한가?
118. 신기한 화학매직
119. 모터를 알기 쉽게 배운다
120. 상대론의 ABC
121. 수학기피증의 진찰실
122. 방사능을 생각한다
123. 조리요령의 과학
124. 앞을 내다보는 통계학
125. 원주율 π의 불가사의
126. 마취의 과학
127. 양자우주를 엿보다
128. 카오스와 프랙털
129. 뇌 100가지 새로운 지식
130. 만화수학 소사전
131. 화학사 상식을 다시보다
132. 17억 년 전의 원자로
133. 다리의 모든 것
134. 식물의 생명상
135. 수학 아직 이러한 것을 모른다
136. 우리 주변의 화학물질
137. 교실에서 가르쳐주지 않는 지구이야기
138. 죽음을 초월하는 마음의 과학
139. 화학 재치문답
140. 공룡은 어떤 생물이었나
141. 시세를 연구한다
142. 스트레스와 면역
143. 나는 효소이다
144. 이기적인 유전자란 무엇인가
145. 인재는 불량사원에서 찾아라
146. 기능성 식품의 경이
147. 바이오 식품의 경이
148. 몸 속의 원소 여행
149. 궁극의 가속기 SSC와 21세기 물리학
150. 지구환경의 참과 거짓
151. 중성미자 천문학
152. 제2의 지구란 있는가
153. 아이는 이처럼 지쳐 있다
154. 중국의학에서 본 병 아닌 병
155. 화학이 만든 놀라운 기능재료
156. 수학 퍼즐 랜드
157. PC로 도전하는 원주율
158. 대인 관계의 심리학
159. PC로 즐기는 물리 시뮬레이션
160. 대인관계의 심리학
161. 화학반응은 왜 일어나는가
162. 한방의 과학
163. 초능력과 기의 수수께끼에 도전한다
164. 과학·재미있는 질문 상자
165. 컴퓨터 바이러스
166. 산수 100가지 난문·기문 3
167. 속산 100의 테크닉
168. 에너지로 말하는 현대 물리학
169. 전철 안에서도 할 수 있는 정보처리
170. 슈퍼파워 효소의 경이
171. 화학 오답집
172. 태양전지를 익숙하게 다룬다
173. 무리수의 불가사의
174. 과일의 박물학
175. 응용초전도
176. 무한의 불가사의
177. 전기란 무엇인가
178. 0의 불가사의
179. 솔리톤이란 무엇인가?
180. 여자의 뇌·남자의 뇌
181. 심장병을 예방하자